北辰 著

提升幸福力

改变你一生的30个心理学效应

Happiness

青岛出版社
QINGDAO PUBLISHING HOUSE

图书在版编目（CIP）数据

提升幸福力：改变你一生的30个心理学效应 ∕ 北辰
著. — 青岛：青岛出版社，2020.12
ISBN 978-7-5552-9527-3

Ⅰ．①提… Ⅱ．①北… Ⅲ．①心理学－通俗读物
Ⅳ．①B84-49

中国版本图书馆CIP数据核字(2020)第176510号

书　　　名	提升幸福力：改变你一生的30个心理学效应
著　　　者	北　辰
出版发行	青岛出版社
社　　　址	青岛市海尔路182号（266061）
本社网址	http://www.qdpub.com
邮购电话	18613853563　　　　0532-68068091
责任编辑	李文峰
特约编辑	郭红霞
校　　　对	张静静
装帧设计	蒋　晴
照　　　排	梁　霞
印　　　刷	天津联城印刷有限公司
出版日期	2020年12月第1版　　2024年1月第4次印刷
开　　　本	32开（880mm×1230mm）
印　　　张	9
字　　　数	130千
书　　　号	ISBN 978-7-5552-9527-3
定　　　价	49.80元

编校印装质量、盗版监督服务电话　4006532017　　0532-68068638
建议陈列类别：畅销·心理励志

自序
一个很俗的问题：你幸福吗？

10月，厦门，依然草长莺飞。

我参与的全国首档明星心理互动访谈节目《幸福21问》的录制结束了。节目组全体人员忙碌了快一年，刚好也是这本书即将面世的时间。它们都和幸福有关，和每一个生命个体相关。

这是一个探索心理学理论和提升幸福感之间能量连接的有力尝试，从和清华大学、中科院心理研究所等权威部门一起探讨修正测试题目，到和明星嘉宾一起录制，给她们做心理导师，我们一直在解锁幸福，探究幸福，指导幸福，走进幸福。

我们给幸福提出了七个不同层次的又有关联的关键词：积极情绪、人际关系、投入、成就、意义、共生和能动。

我给这七个关键词做了最简单通俗的释义。

积极情绪就是当一件事情发生时，能够用正念引领自己，这是具备情绪自我修复能力的关键。

人际关系就是与人的交往顺畅程度、舒服程度，也可以理解为情商的一个层面。

投入就是专注度和注意力，是不是一生都在蜻蜓点水，是不是经常患得患失、南辕北辙。

成就就是给自己的成绩、回报、结果和导向。

意义就是明确的动力和目标，个人对努力的评价。

共生可以理解为与别人共同生存、协作、共赢的能力。

能动就是你的掌控和管理诉求，你在团体中的引领和推进作用。

为生活做减法的柳岩，掌握选择权的赵奕欢，努力做自己的刘芸，主动出击的娄艺潇，逆流而上的伊能静，直面人生的张虹，爱我所爱的惠若琪，从她们身上，我们都看到了追求幸福的光。

我自己在心理学领域深耕了25年，从做传统电台心理节目热线主持人到成为自媒体的内容创作者，都在尝试着用声音或者文字的形式，陪伴、抚慰和治愈相信我的听友和读者。这些年的工作中，我发现一个共性，那就是不管处理哪一类问题，终极的目的都是提升我们对幸福的掌控能力。

我接待过上万个心理咨询案例，在他们哀怨的声音和表达的焦虑中无不写着大大的"不幸福"，而幸福又是一种个体的自我情绪感知能力。我甚至很长一段时间都在思考，幸福是个体的还是大众的，幸福有没有规律可循，是否有方法可以借鉴。

于是近些年，我把积累的所有案例加以整理筛选，从心理学的各种效应角度去解读和剖析，写了这样一本实用心理学意义上的提升幸福感的书。它不晦涩难懂，也不矫揉造作，因为都来源于真实案例，有章可循。

其实做学问，不是为了庸俗地取悦自己或者故弄玄虚地树立自己的行业地位，而是为了让普罗大众能直接收获，为其所用。

这本书就是这样，用最接地气的案例和朴素的心理学效应，真实自然地走进你的生活，那些熟悉的语言和场景，你或许经历过，或者正在经历。

在这本书里，我和你聊聊幸福。

就这样。

北辰

2020年10月于北京

目 录

第二章　情商篇

目 录

第四章　教育篇

目　录

第六章　励志篇

第一章　情感篇

提升幸福力

改变你一生的30个心理学效应

酸葡萄加甜柠檬：

得不到的未必好，相信你拥有的就是最好的

心理学关键词：酸葡萄+甜柠檬效应

《伊索寓言》中的"酸葡萄"故事广为人知：狐狸想吃葡萄，但由于葡萄长得太高它无法吃到，便说葡萄是酸的，没什么好吃的。心理学上以此为例，把个体在追求某一目标失败时为了冲淡自己内心的不安，而将目标贬低为"不值得"以自慰的现象称为"酸葡萄机制"或"酸葡萄效应"。与其相反，有的人得不到葡萄，而自己只有柠檬，就说柠檬是甜的。这种不说自己达不到的目标或得不到的东西不好，却百般强调凡是自己认定的较低目标或自己有的东西都是好的，借此减轻内心的失落和痛苦的心理现象，被称为"甜柠檬机制"。

其实我们经常看到这些现象，在某种时候这样做是具有积极作用的，能自我安慰和疗愈，使自己满足和乐观。

你有没有羡慕过别人的老公？

你有没有欣赏过别人的孩子？

你有没有觉得曾经和自己一样平凡的同学现在很风光？

我们总是习惯于把目光聚焦在我们没有的东西，尤其是比我们好的一面上。

殊不知，人都喜欢晒自己光鲜靓丽的一面，比如自己过生日时老公给自己买的包、情人节送的花，而绝不会晒自己被家暴的瘀青和孩子不合格的成绩单。

所以，没得到的未必好，至少你的脑补对它过度解读了，真相未必是那样。

大家都有鸡飞狗跳的时候，都有油盐酱醋的琐碎事，都有独身饮泣的不堪。

作为咨询师，我接触到的最多的案例是涉及家庭情感问题的，而大多是不正确的对比下带来的抱怨和不满足情绪所致。

如果我们把家庭情感问题比喻为一个人的生理疾病，那么我们想要挽救家庭，一定要有一个客观且权威的诊断，比如哪里出了问题，多大的问题，然后才制定或出具具体的治疗方案，比如要花多少代价？结果是什么？

婚姻也一样，如果宣判情感死亡，没有挽救的必要，这当然不在我们的讨论范围之内，你直接去协议或者起诉离婚就好了。既然我们谈到挽救或者修补，就必须具备两个条件：第一，还有感情，只是沟通方式出了问题；第二，你不想离婚。

这就是我们处理任何亲密关系问题，甚至是任何关系问题要做的基础工作：有个清晰的判定和诊断。

其实感情上出问题的大多数人成了酸葡萄效应的一个极端，那就是明明自己手里有的是葡萄，却偏偏认为外面的柠檬是甜的，或者因为没有尝过柠檬的滋味，对得不到的东西就充满期待，跃跃欲试。

林女士最近就很焦虑，来找我咨询问题的时候黑着眼圈——整夜睡不着。原因也不复杂：她的丈夫和初恋情人最近联系紧密。我后来通过和林女士的丈夫沟通得知：那是他大学的女友，两人谈了两年多，毕业时候因为异地，选择了放弃，后来慢慢失去了联系。前阵子同学会她丈夫偶然得知，前女友一直单身，自己就开始自责，找到对方，从嘘寒问暖开始到频繁接触，甚至关系暧昧，屡禁不止。

咨询后，我判定这是一段完全可以挽回的婚姻，原因有四：

1. 无实质性出轨行为；

2. 男人对妻子无原则上不满意；

3. 男人错误地觉得对方单身自己有责任；

4. 男人从没有过要放弃家庭或者背叛妻子的想法。

这就很有意思了。林女士始终不理解，既然他没打算放弃家庭，为什么还要和前任藕断丝连？

说到这里我就要和大家分享一个观点了：男人是多情而痴情的，女人是专情而绝情的。

这句话怎么理解呢？男人看起来是花心大萝卜，比如看到美女，忍不住回头多看几眼，愿意和美女多套套近乎，看似多情；而痴情则体现在分手后，大多数男人依然会给前任留一份惦念，或者至少依然和对方做朋友，期待听到她的消息，甚至关键时候还会出手相助。

女人就不同了，轻易不会和人搭讪，认定一个人之后，就不会去理会别的异性，边界感也比男性更强，这是专情的一面；而绝情就体现在分手后，大多数女人不会继续选择和前男友做朋友，果断先将人拉进黑名单的大多是女人。

当然这是半开玩笑的一个观点，但也不无道理，男人对待感情的心态可见一斑。

回到上述案例，林女士的先生就是有男人的上帝视角，觉得对方单身有自己的原因，这很自恋。事实上，其实你没那么优秀，对方也并非因你终身不嫁，你想太多了而已。林女士的丈夫也承认，自己和对方原来爱得挺深，确实有点儿动心，所以偶尔言语暧昧，关心过度。

这次林女士的婚姻其实有惊无险，调解后丈夫就悬崖勒马了。

刚才我们也提到了酸葡萄效应，另外一个反向应用就是，拥有的东西，我们慢慢地就开始不珍惜了；而没有得到的，我们总是下意识地用幻想构架它的美好。比如一个爱马仕的包包，在货架上的永远比被丢在自家储物间里的更吸引人。

我们为什么容易对初恋念念不忘呢？青涩时光里的记忆很深刻，而且那时候大多数人是因为不太懂感情处理方式，或者因非感情因素遗憾地分开，所以遗憾就是症结。人总是容易对遗憾的事情念念不忘。另外谈恋爱时我们没有烟火气，而烟火气恰恰是双刃剑，既温暖也平淡，恋爱是难忘和浪漫的，磨平了棱角的日常柴米油盐生活，一定抵不过充满浪漫幻想的爱情。我们接触的感情危机，也有相当一部分是婚姻败给了爱情的案例。

案例中林女士的丈夫最终是意识到了，就算和初恋女友在一起，始终也会沦为平淡的事实。

所以这里我们必须提到婚姻的本质：

1. 持久的平静和平淡

这一点毋庸置疑，没有做好持久平淡的心理准备，我们就不适合走进婚姻。结婚后，我们没有那么多花前月下的时间和精力了，大多时候我们为生存奔波、为孩子和老人心力交瘁，这是常态，也是日子。

2. 排他性的，相对更小的异性交际圈

感情是排他的，婚姻更是，因为我们有了法律上的制约，也有了道德上的底线。所以婚姻是一个堡垒，外人不得擅闯，你待久了厌倦了也不能轻易出去，异性社交圈一定要保持边界感。

3. 共度余生的合伙人

这个观点是最近几年很流行的，我们此前也一直拿经营公司比拟婚姻，其实合伙人就意味着我们要有利益关系。感情贬值的婚姻是没有出路的，现代婚姻模式是成长型的婚姻。

所以，当你意识到这几个关键点所在，结婚才能是成熟的选择。甘于和一个人平凡、安稳、相互支持地成长，并乐此不疲，这很难，但是你必须做到，否则不如单身。别耽误自己也别坑害他人。

最后我要给出准确判定婚姻是否值得挽回的几个基本条件：

1. 双方有重归于好的意愿。感情是双方面的事情，不管谁犯了错或者迷失了，都不重要，愿景很重要，双方都想好，就一定有方法。

2. 彼此心里这个坎可以过去。无数案例证明，某一方一方面不想解体，一方面还不放弃过往对方存在的问题，这是相互折磨的悲剧，也就是假象原谅，实则在心里铭记。

3. 依然有爱，有不舍——记住，这是基础。没有爱的婚姻再平静也是一潭死水，会让人慢慢枯萎。这里我们说的是爱，你要确定不是习惯了和对方在一起而已，更不是什么亲情的感受。

事实上我是特别反对爱情最终都变亲情的理论的，那样的婚姻没人想要，否则你就直接和亲人过一辈子得了。所以，长久的婚姻可以注入亲情的成分，但亲情绝不能是全部或者主体。

4. 有性的冲动和渴望，至少不排斥。不管多大年纪了，记住，性都是夫妻感情最好的试金石，哪怕两人相拥入眠，哪怕睡前亲吻，这些爱意的表达就是婚姻延续的润滑剂。法院判决离婚也有一个"分居"的要件，这就说明昨晚还享受鱼水之欢的夫妻今天是不太可能离婚的。

今日作业

　　尝试向对方说出他的五个优点，并且有理有据地去说明，表达感谢和爱。

北辰箴言

死刑犯也有极其孝顺的，是人都有优点，别让琐碎的生活、频繁的争执淹没了你当初迷恋他、爱他的理由。

习得性无助：

拥有弱者心态，永远成不了强者

心理学关键词：习得性无助

习得性无助是美国心理学家塞利格曼 1967 年在研究动物时提出的，他用狗做了一项经典试验：起初把狗关在笼子里，只要蜂音器一响，就给以难受的电击，多次试验后，蜂音器一响，在给电击前先把笼门打开，此时狗不会逃，而是不等电击出现就先倒在地上开始呻吟和颤抖。狗本来可以主动逃避，却绝望地等待痛苦的来临，这就是习得性无助。

我们先从亲密关系的角度来说说习得性无助。

90％的情侣是因为"性格不合"分手的，80％的夫妻最终

我什么都不行……

也是因为性格不合离婚的，70%的人一生中曾被别人以"性格不合"为理由拒绝过。

我们先来了解一下：到底什么是性格不合？

性格不合是指因性格原因使得人与人之间产生分歧，现在多被情侣用作分手的借口，是一种看似完美、没有新意的借口。

性格不合是谜一般的存在，似乎成了所有关系土崩瓦解的一个广义理由。它不仅仅适用于爱情，友情也一样。

所谓性格不合是泛指，不合主要是由双方的性格、脾气、处事态度、习惯、生活背景、教育程度、家庭出身、社会经历等不同而产生的。迁就和忍让必须是相互的，也就是一方欣赏另一方的亮点，同时包容另一方的缺点。单方面的迁就只能造成一方心理不平衡，不合也就产生了。

也有人说，其实所谓的性格不合，是"三观"不合，我觉得有道理。但是如果两人"三观"不合，只要你不强迫我，我不要求你，还是可以相处的。而如果按照内向、外向来区分性格，也会有人说我爱说话、爱表达，你不喜欢，你沉闷，这就是性格不合，也挺对的。同样，如果你接受他，不要求他和你一样，你们也没问题。

所以你有没有发现一个秘密：性格不合不是你们分手的原因，不接受别人和你不同，才是！

也有人说，性格不合说到底就是还不够爱，或者爱够了。我对此深以为然。

听友小郭来找我咨询情感问题，委屈地说，结婚不到两年，老公现在回家话都不和她说一句，她自己却是特别有倾诉欲望的人，可是老公每次都特别不耐烦，会说："够累的了，你那么点儿破事，就别烦我了。"而且两人闹了矛盾就冷战，还得她主动和他说话……

这情况乍看上去，你会不会觉得两人这是性格不合？我起初也这么以为的。但是后来小郭说，原来谈恋爱的时候，她老公可幽默了，专门逗她开心，她一生气他就编段子哄她，她就想：有这么一个活宝，多幸福啊。可是谁想到，两人结婚后她老公就变了。

你看吧，这是性格使然吗？绝不是，后面的剧情就更有意思了。

小郭说，有一次她在星巴克喝咖啡等客户，意外发现了自己的老公和另外一个女孩儿谈笑风生，讲着段子，像极了当年他追她时的样子。

你看，原来所谓的性格不合，只是他不愿意和她相合了，他还是那个幽默健谈的男孩儿，只是不会对她那样。当然，因为没有任何证据，我告诉小郭，不值得伤心，她也没必要因为这事闹离婚。她老公对她未必就没有感情了。但是有一点可以确认，他们的感情陷入了疲惫期，需要更新一下了，类似我们的手机、电脑需要定期升级一下系统。

经过两次咨询，包括我和小郭老公的一次约谈，很快就找到原因了。因为有几次她老公嬉皮笑脸地开玩笑，但是恰逢小郭生理期或者为单位的事焦头烂额，于是就以"你怎么还这么幼稚"怼了回去。另外小郭比较强势，在家庭中大多是自己诉求很多，表达欲望很强，慢慢地她老公就不想说话了。

找到了原因，问题也就解决了，我告诉小郭多在乎一下别人的感受，多倾听，给他在家里撒欢的机会。

看完这个案例，你想一下，你所谓的性格不合，是不是可以兼容的，是不是可以接受的？

家庭中发生争执时他认为自己说不过你，或者打不赢你，便认同了这个结果。反过来，就算强势的一方，也会认为两人性格不合，其实这很可能是假象。

　　心理学上有一个很有名的习得性无助概念，说的就是在日积月累的生活中，弱势一方会慢慢地放弃努力和争取。比如一个经常一上台就紧张、结巴的人，就会认为自己不适合演讲；一个经常被否定、被忽视的人，最后会变成自卑、自认没有价值感的人。

　　性格不合这件事的确是可以磨合的，你忍一下你的暴脾气，我收一下我的急性子，毕竟没有哪两个人是天生合拍的。所以懂得包容和忍让的感情不是性格不合，真正的性格不合，是他既无法理解你的立场和兴趣爱好，也不愿意跟你磨合。

　　两个人在一起，一开始是跟他的优点谈恋爱，后来却发现，你需要和他的缺点过日子。

　　因为对方的优点貌似越来越少，缺点越来越多。

　　揭开了情侣式夫妻以性格不合作为分开的理由的真相，你可能会问：性格不合到底该怎么办？

　　别急，来了解一下硬核知识点：

　　与其说是两个人性格不合，不如说是两个人对情感的处理方式和表达方式不同。

　　心理学依恋理论认为，恋人之间的依恋类型可以分为安全型、疏离型、纠结矛盾型和焦虑型。

　　当你了解了这几个类型并分析出你自己和伴侣的类型，就好办了。

　　爱情依恋类型为安全型的人，很有趣，拥有我们通常所说的不知道哪里来的谜一样的自信，这类人未必很优秀，但是心态绝对一级棒，让人很有安全感，爱得轻松，处得自在。就算出现问题，人家也不当回事；不管你怎么生气，人家依然说"你怎么这么爱我"。

　　相处秘籍：珍惜他吧，也顺便表扬一下自己。哪有无缘无故的安全感，说明你做得好，他心态好。真正的爱都是让人舒服和轻松的，不是让人提心吊胆、诚惶诚恐的。

　　爱情依恋类型为疏离型的人，在感情中害怕受伤害，比较容易退缩和躲避。在面对炽热的情感时，这类人会感觉到莫名的压力和不安。这种心态迫使他们只能采取躲避、疏离的方式来回避对方的感情，外表看似冷漠的他们内心也备受折磨。

　　相处秘籍：保持合适的距离和温度，不要过度主动和给予，强加的感情会让人有压力。你和这类人相处最好的节奏就是：我一直在，你随时叫我，陪伴就是最好的，脚步别太快，爱别太满。

　　爱情依恋类型为纠结型的人，表现为一会儿想亲近你，一会儿又怕你烦人，一会儿想获得关注和照顾，一会儿又担心被笑话不够独立；在推来搡去之间，你们很容易产生矛盾，因为他自己就是矛盾的。这类人如果和他的伴侣分开，特容易被定性为和别人性格不合。

相处秘籍：多表达自己的诉求，直言相告，自己需要对方做什么，喜欢对方怎样，同时也引领对方主动表达他的要求和想法。对付纠结的人的最好办法就是直来直去，坦然告知。

爱情依恋类型为焦虑型的人，害怕被抛弃和冷落，会全身心地投入恋爱之中。

他们会给予对方他们的全部，也想要对方为他们付出真心。如果对方没有给出及时的回应，他们就会变得焦虑不安，越不安越想要对方通过一些行为证明对方的爱。

相处秘籍：这类人容易烫手，热度太快、太高，正因为自己付出很多，你如果照单全收了，危险就来了，因为一旦他不满意，没有得到想要的回报，就会失望。所以，这就像跳交谊舞一样，双方保持一定的安全距离，让感情状态像平行的铁轨，最好别亏欠太多。

说完了这部分，我们再说说大部分性格不合的表象：吵架！

吵架不怕，就怕你们没从彼此吵嚷的背后看到对方的需要，吵着吵着，把爱给吵没了，家也吵散了，并直接把锅甩给了性格不合。

两个人要奔着一辈子共同生活去过，哪能没个意见不同的时候？从恋爱到结婚生子，再到相伴到老，双方没点儿智斗鸡毛蒜皮的事的本事，这婚姻准得闹得鸡飞狗跳。

这是生活里常见的吵架模式。一件鸡毛蒜皮的事，夫妻双方只站在自己的角度看问题，一旦自己的观点不被接受，问题就不断放大，从说事转换到攻击对方，再从攻击对方联想到二人不合适，最终分手。

他们潜意识里觉得：你是最了解我的人，就应该认同我的观点，我也不用对你客气。你如果不认同，咱俩就是性格不合。

女人总希望男人能哄着自己，让着自己，可是忍让一时容易一世难。女人刚开始表达自己的观点时，就带指责口吻，对方下意识地就会进入"战斗"状态。

后来女人生气逼着男人离开，盛怒的男人没有退路。

其实生活里的小事，夫妻双方很容易做到双赢的结果，只是我们不愿意换位思考，不愿意动脑筋去创造机会。

生活中只看"得失"的夫妻，只会把关注点聚集在对方言语的攻击上，而不会思考对方不满的原因。

当对方与你意见相左时，可能是因为习惯不同、观点不同，或者某件事触发了对方的核心情结。只有当你透过争吵的表象，看到背后的原因，你才能真正理解对方。

今日作业

　　找出一个原来你不接受的对方的性格缺点，尝试换一个角度，看能否培养出欣赏和觉得对方可爱的情绪。

北辰箴言

　　人海茫茫，找个"三观"相合、性格相投的人，太难，你不如从现在开始，学着求同存异，学会看见彼此的需求，带着尊重和理解去爱你的伴侣。

野马效应：

导致失败的往往不是问题，是面对问题的态度

心理学关键词：野马效应

　　在非洲草原上有一种动物——吸血蝙蝠，它们靠吸食动物的血液生存。这种蝙蝠常常会叮在野马的腿上吸血，而每当这时，野马就会陷入暴怒、狂奔的状态，像疯了一样摇头甩尾。但是不管野马怎样挣扎都无法摆脱吸血蝙蝠，因为这种蝙蝠动作迅速，可以快速地在野马身体的各个部位间移动，直到它们吸饱了血才从容离开，而不少野马被它们活活折磨死。动物学家对野马的死因进行研究，发现蝙蝠吸走的血量远不足以导致野马死亡，野马的真正死因是它们的暴怒和狂奔。野马被蝙蝠叮咬

后陷入剧烈的情绪反应，身体内各项腺素分泌变得异常，而剧烈狂奔又导致力竭，最终死于非命。

我们来聊一聊一提起来就让人血往上涌的外遇出轨问题。

为什么我这么说呢？你假想一下，假如你突然得知你最爱的人和别人在一起了，受得了不？当然这个比喻谁也不愿意听到，而且听到了也很难平静，所以我们看到了很多愤怒、撕打、仇视和怨怼。

我的听友王女士性格很强势，家里家外一把手，结婚二十多年，家里的话几乎都自己说了，家里的活也都自己干了。好强气盛的她怎么也想不到，那么木讷、沉闷、不懂浪漫的男人，居然出轨了，每每想起自己看到的暧昧短信，她就委屈不已。这男人哪里是不懂浪漫，只是对自己不浪漫而已。后来丈夫认识到错误，已经回头，一切看似重归于好，风平浪静，王女士的内心却波涛汹涌。两年后，他们还是分开了，用她自己的话说，丈夫真的变了，对自己也很好，但是自己无法面对依然随时出现的愤怒、委屈和指责，就不彼此折磨了。

你看，出轨确实是一种灾难，但是相比灾难，面对它时的态度和情绪才是更大的问题。

对野马来说，因自己的暴怒情绪而死亡这无异于一场悲剧。对王女士来说，暴怒又何尝不是罪魁祸首呢？在丈夫刚出轨的那段时间里，她气愤、暴怒、追踪、和小三撕打，几乎让自己和丈夫陷入一种尴尬的绝境。自己整夜失眠，掉头发，身体多个部位出现肿块、结节，身心俱疲。

心理学家研究发现，诸如恐惧、愤怒、抑郁、焦虑等情绪是具有破坏性的，长期被这类情绪困扰会严重危害一个人的身心健康，古语云"气大伤身"就是这个道理。

野马的结局给我们警示，希望当我们身边发生不如意的事情时，大家可以保持理性和冷静，正确地去看待问题，找到合理的解决问题的方式。因为只有办法才能解决问题，情绪绝对不能。

那么面对外遇问题，处理方式是怎样的呢？

其实方式只有三个，两个对的，一个错的，但是很遗憾，大多数人会选择错的那个。

我们先来看对的：

1. 原则问题零容忍：离婚。没毛病，知道自己无法承受，内心会有阴影，那么彼此不为难，也放爱一条生路，果断利索地结束痛苦。

2. 只给一次机会：记住，就一次。机会给多了就没有意义了，对方会不断试探你的底线，当你没了底线，也就没有尊严了。既然决定不离婚，就等于你默认原谅对方，从此往事不能再提，更不能指桑骂槐。

说完了对的，我们再看看错的，就六个字：不原谅，不放弃。

这就坏了，我并不原谅你，或者嘴上原谅，其实心里并不这么认为，行为也没有，每每提及就气愤难消，但是还不离婚，这就是漫长的煎熬之路，彼此消耗。

如果出现外遇的情况，我们还不想婚姻解体，该怎么做？

1. 认识外遇的本质，并对此承担适当的责任。

什么叫外遇的本质？就是原因在哪里，婚姻的裂缝在哪里。所谓苍蝇不叮无缝的蛋，99％的外遇背后有彼此亲密关系本身的问题。比如案例中的王女士，情商偏低，脾气暴躁，老公在家里不被尊重，男人的虚荣心得不到满足，这就是一个巨大的隐患，那么外面一旦出现一个温柔似水、对他欣赏有加的女人，出问题就是早晚的事了。如果王女士能意识到自己本身的问题，冷静地去调整，关系才有修复的可能。

2. 认识到自己的核心需求是什么。

那些做法错误的人，都是忘了自己的核心需求是什么。你是想挽救婚姻关系，不是要作下去让婚姻破裂。事与愿违的原因，往往就是我们知行不一。既然目的是为了修补爱，那么你就要用爱的方式去面对问题，他是犯错了，就算是十恶不赦，你大可以"枪毙"他，也就是离婚；如果不离，那你就要去整改、教育，而不是放弃。

3. 努力地去重拾彼此的信任。

关于信任的重拾，也是我们后面要开设专题去谈的问题，这是一个难题，不要强求速度。在修复感情的过程中，信任是最难也最慢恢复的，需要一定的时间，在彼此真诚的努力下，用事实去重拾彼此的信任，而绝对不是说说而已。在心理上给自己正念的暗示，选择信任对方很重要。

4. 重拾起性亲密关系连接。

性在婚姻关系中的重要作用毋庸置疑，无论是作为生理需求上的满足还是爱的表达，都十分重要。重拾起性亲密关系这种改变可能会让人感觉很不适应，但是唯有改变才能让过往有问题的亲密关系恢复正常，甚至变得更健康、更加可持续发展。两人要重修旧好，如果有和谐的性关系，就好办了。

5. 学会宽容，看到闪光点。

宽恕与爱一样，是一种观念，也是一种选择，你是否能或者愿意去原谅的选择。这里的宽容的范围并不仅仅是指对他的不忠行为的原谅，还包括原谅他在以前犯的不是很明显的错误或做出的令人失望的行为。对方出现外遇问题后，我们往往会以负面眼光去看人，原来对的地方也不对了，错的行为也会放大。我们要调整这样的心态，甚至多看到对方的闪光点，去强化自己的觉得他好的记忆。

6. 自我原谅和救赎。

这一部分我们在后面的自我救赎内容里还会有专题讲述。其实在另一半出轨后，除了原谅伴侣对你造成的伤害，也应该考虑原谅自己因为报复性极端行为造成的过失和错误，以及给伴侣、家庭和自己造成的伤害，承认并接受自己并非完美之人。自我宽恕可以让你从自我评价和自我否定的状态中解放出来，让你更清楚地认识自我，认清自己真正珍视的是什么。

7. 可量化的承诺契约。

承诺本身没有任何意义，但如果它们伴随确定、具体的行为，就会显得真实可靠，让你的伴侣相信你有心改变。因此两人可以协商一些具体可行的行为指标，如外遇对象若联系自己，一定主动报备伴侣等。

今日作业

　　列举一下你的亲密关系中出现的最大问题，并给出一个可量化的解决方案。

北辰箴言

　　没有天生就不想好好过日子的男人，当他所需要的东西家里都没有，他就容易被外面的人引诱，所以，用心经营自己，用心营造家庭氛围，用爱留住爱。

定式效应：

告别刻板印象，撕下负面标签

心理学关键词：定式效应

定式效应是指有准备的心理状态能影响后继活动的趋向、程度以及方式的心理学效应。随着定式理论的发展，我们不仅可以用定式这个概念来解释人们在感觉、知觉、记忆、思维等方面的倾向，也可用这一概念解释人们在社会态度方面的倾向。通俗地说，就是用既定印象去审视你的行为和判断。

我来讲个故事：有一个农夫丢失了一把斧头，怀疑是邻居的儿子偷的，于是观察对方走路的样子、脸上的表情，感到对

方就像偷斧头的贼。后来农夫找到了丢失的斧头，再看邻居的儿子，竟觉得对方言行举止中没有一点儿偷斧头的贼的模样了。这则故事描述了农夫在心理定式作用下的心理活动过程。所谓心理定式是指，人们在认知活动中用"老眼光"——已有的知识经验——来看待当前的问题的一种心理反应，也叫思维定式或心向。

婚姻中最有原则性的问题，应该是出轨了，也是一种很难修补的背叛。

既然说到修补，那被修补的东西就一定是坏了、漏了，或者破损了。我们就拿一口锅来说事：今天我们说的是信任，所以一口锅漏了，你不想放弃，那么就需要相信它可以修补，且修补后不会漏，还能用。说白了，锅再漏了你再扔也不迟。可是很多人犯了一个致命的错误，那就是锅漏了，不修补，或者修补了也不用，还不扔。

婚姻关系也一样，不管问题有多严重，你只要不离婚，就等于漏了的这口锅你还得继续用，那就需要信任对方，否则他还是无用的。

那么如果出现原则问题，婚姻仍要继续，你应如何来修补这段关系呢？其中，最大的障碍可能就是定式效应下的信任危机了。

在人际交往中，定式效应表现为人们用一种固化了的人物形象去认知他人。例如：我们与老年人交往时，会认为他们思想僵化，墨守成规，跟不上时代；而他们会认为我们年纪轻轻，缺乏经验，"嘴巴无毛，办事不牢"。与同学相处时，我们会认为诚实的人始终不会说谎；而一旦我们认为某个人老奸巨猾，即使他对你表示好感，你也会认为这是"黄鼠狼给鸡拜年——没安好心"。你也可以理解为这就是我们通常所说的"贴标签"。

心理定式效应常常会导致偏见，阻碍我们正确地认知他人。在亲密关系中，一次被背叛，或者出现家暴行为，很可能就会在对方心里留下阴影，让对方出现思维定式的情况，导致信任坍塌。

大家听一个案例：

我的听友小敏和先生是大学同学，谈恋爱三年，毕业一年后步入婚姻殿堂，孩子目前三岁。老公的外貌属于刚开始一看不觉得是帅哥的那种，但是相处越久，感觉他越有男人味，而且很重情，也很会说话哄人。她本以为两人可以这样细水长流地走下去，但自从老公频繁出现回家晚、常出差的情况，再加上敏感信息她就有了怀疑。她猜疑得越多，两人争吵得越多，两人之间的感情也越来越差。

后来我通过了解得知，她老公是陷入了一段纠缠的婚外恋情中，自己有所悔悟，但是两个致命因素让他一直犹豫：一个是对方不肯放手，另一个是妻子不再信任他。

我们也剖析了他们婚姻中的主要问题：

第一个问题：情感框架弱，限制多。

小敏性格较为强势，事业心强，吃不了亏，为人直爽，有话直说。但她的情感框架极弱，在感情中自我意识很强，性情多变，情绪变化不定。

情感框架弱，会让感情变得失去方向，今天这个样，明天那个样，反正就是"公主"样，谁都得围绕着她转。这种"弱不禁风"的感情，哪怕没有第三者入侵，也是岌岌可危的。

第二个问题：信任危机爆发。

小敏最开始面对老公的出轨时，没有设立框架和底线，进行正确应对，而是以怀疑和侦查来应对问题，这无疑是错误的做法，不仅不能矫正对方的错误，反而给足了对方疏离的借口。在这个过程中难免出现争论和认识不同的问题，大家千万不要以自己认为正确的方式来解决问题而不顾对方的伤心及你所造成的伤痛。其实婚姻中很多问题是因为小得不能再小的事情而起，只是戳中了对方的痛点导致他情绪失控。

婚姻中的信任危机绝对不可能是在很短的时间内发生的，一定是积累到某种程度，达到一定质变所产生的结果。

第三个问题：逃避问题，失去最佳谈判时机。

在小敏发现老公出轨后的一段时间里，双方是有机会解决问题的，但小敏沉浸在自己的负面情绪里，没有尝试寻找解决负面情绪的办法，任由负面情绪左右自己的判断，因此在老公主动示好时，没能及时回应，错过了最佳谈判时机，变得被动起来。

当婚姻出现问题时，你一定要先冷静下来，找准对方的弱点和弱势时间，顺势而上，化被动为主动。

防止信任危机和婚姻危机相互影响恶性循环，需要做到：

1. 重建自我价值。我们在自我建设部分也讲过，此时要转移一些注意力到自我身上。

2. 重建有效的沟通机制。信任危机往往从拒绝和放弃沟通开始，所以两人之间一定要恢复有效沟通。

3. 降低敌意和攻击性。用爱说话，是我们反复强调的说话方式。我们无法信任一个敌人。

下面我给出修补信任的具体行为，建议出现信任危机的伴侣们制作一个表格，每天列出当天所做的相关行为，避免遗漏。这些行为如下：

1. 让伴侣更多地掌握自己的行踪。如果你要出差，给伴侣确切的出差地点，减少你出差时过夜的次数。主动说明，可以减少对方猜忌和查验的恶性习惯，同时这也是一种尊重。

2. 增加与伴侣相处的时间。按时回家、与家人一起吃晚饭等。没有比你在对方身边更靠谱的表白和解释。

3. 告知伴侣自己这段出轨关系的后续。告诉伴侣你的情人是不是联络过你；如果有过原则问题，那么你们现在究竟怎么样了。这一点一定是伴侣密切关注的，内心无法停止猜测，不如你主动汇报，不断强化给对方的安全感。

4. 增加对伴侣的自我暴露。告诉伴侣你在想什么、你的感受是什么，让伴侣知道你最喜欢他哪些方面，不喜欢他哪些方面等。这是在做情感连接，增加自我透明度。

5. 多去参与共同聚会。多花些精力在对方的朋友、家人有关的群体活动中，表达责任与关切；多营造共同出现的机会，也是一个很好的方法。

重塑信任是一个漫长的过程，同时我们也需要看对方的意愿。大部分人很难做到重塑信任，大多在重塑的过程中就渐行渐远了，或者是被背叛方已经没有办法再次爱上对方了，选择分开。

人都有欲望，这很正常，欲望会驱使我们去做很多事，但如果你深爱对方，就不要让欲望凌驾在你的爱意之上。

今日作业

　　找出一件近期发生的、你不信任对方的事，尝试着换个正向角度去理解他做这件事的初衷；尝试着去给对方一个机会，沟通一下事情发生的真正原因。

北辰箴言

不信任源于我们对过往事件的耿耿于怀和猜忌，所以，打破不信任的唯一法则就是力求还原当时的真相。

巴纳姆效应：

警惕带有普遍意义的"骗局"

心理学关键词：巴纳姆效应

　　巴纳姆效应又称星相效应，说的是人们常常认为一种笼统、一般性的人格描述十分准确地揭示了自己的特点。即当人们用一些普通、含糊不清、广泛的形容词来描述一个人的时候，人们往往很容易接受这些描述，认为描述所说的就是自己。著名魔术杂技师巴纳姆在评价自己的表演时说，他之所以很受欢迎，是节目中包含了每个人都喜欢的内容，所以他使得"每一分钟都有人上当受骗"。

所有的礼物都暗中标好了价格

巴纳姆效应可以说明被动接受的真相。

你现在应该明白了，为什么有些星座或生肖书刊能够"准确地"指出某人的性格。那些用来描述性格的词句，其实根本属于"人之常情"或基本上适用于大部分人身上。换言之，那些词句的适用范围是如此空泛，以至往往说了等于没说。

例如：水瓶座的人理性而爱好自由，巨蟹座的人感性而富有爱心。巨蟹座的人就永远没理性，水瓶座的人就缺乏爱心吗？我们不去否定那些描述存在的价值，毕竟它存有统计的基础在。

如果一对情侣在星座学中是不甚相配的，即使两人都不迷信，他们在心理上也必然会承受一股不小的压力，在往后交往的时间中，若有了摩擦，心中既存的那种"原来真的不合适"的预设就会被强迫成立，两人最终难逃分手命运！事实上，我们每个人一生中都有无数次被动接受的可能。

有听友在我的后台私信说："跟老公结婚才十年，一切都变了。当初恋爱的时候，他哪儿都好，结果婚后，原来是个假把式。以前跟老公出去约会什么的，他都会尊重我的意见，会好几天前问我想去哪儿，想吃什么，或者有什么忌口的。现在呢？我说什么他都不听，完全不把我放在心上。臭男人真的变了。"

是的，这个男人变了，不仅如此，这样的例子还有很多。真相是：所有男人结婚后都会变的，没有一成不变的人。

那到底是什么原因，造成婚前的公主变成婚后的仆人，婚前的青蛙变成婚后的王爷了呢？

一句话：你丧失了亲密关系的主动权。我们来看看丧失主动权的常见可能性：

1. 过于爱。你的爱太满，就把自己挤没了，你的世界都是他，装不下自己。

2. 过于付出。付出的人几乎没有不渴望回报的——记住，这是真理——付出多了，不满意就多了。

3. 过于关注。无论对谁，关注过度，会让对方疲惫、乏累。你想，你背后总有眼睛，你难受不？

4. 过于隐忍。忍久了会习得性无助，会习惯这种心理自虐，对方自然就习惯欺负你。

5. 过于害怕。万事一怕，准会导致一连串的无原则行为出现，而且很多事情你越怕发生越会发生。

在亲密关系中，谁主动谁被动。我们前面也讲到了自我控股的部分，你如果完全忘我地投入一段感情，就等于自己折损了股份，你就变得贬值或者一文不值，那么被动在所难免。

两个人在一起，和平共处是一门学问，那些令你不舒服的感觉，都是男人吃定你的表现。

那我们要怎么做才能避免被男人"吃定"呢？

这个时候就需要我们重新建立一下自己的"情感框架"了。

情感框架可以理解为设置一个底线和边界，就是说你要在你们相处的过程中，为对方建立一个行为限制，当对方做了某个行为之后，你要做出相应的反应，用来决定对方对你的态度。

有了这个框架，我们在两性关系中，才能牢牢抓住主动权。

那我们该如何在亲密关系中建立情感框架，夺回属于自己的不安全感，把主动权牢牢地握住呢？

很简单，说得直白点儿，就是在和对方相处时，时时表达自己的诉求，有不满的地方，你一定要说出来，不要继续无底线地付出和"跪舔"。

对对方要求的事情，你不想去做，就完全不需要一味地服从，大不了他就是你人生中一个阶段里的一个男人而已，完全没有必要为了他打破自己的底线，去委曲求全。

而且一旦你服从了他的要求，那么本来是你握在手中的主导权，就被你拱手相送给他，而在感情中的心理位置，自然你也会慢慢处于低位。

接下来你的付出越来越多，需求越来越多，投入的沉没成本越来越多，也就越来越离不开这段感情，自然而然就会被男人"吃定"了。

所以在恋爱中遇到对方让你觉得不舒服的地方，或是你不想去做的要求，就直接说，和对方沟通，不要做一个同情心泛滥的人。

因为这样往往你得到的不是男人的感动，而是男人的不重视。所以最重要的是，自己要重视自己，才能够得到他人的尊重。

心理学认为，男人在情感中追逐一种若即若离的感觉。也就是说，你不要对他说："这辈子我跟定你了。"要让他感觉，你有时候在乎他，有时候可以没有他。让他感到需要用一点点努力，才能和你追逐嬉戏，玩恋爱的游戏。

比如说，你可以每天只发一次微信给他，每次撩他一下就去做自己的事情，每次发微信尽量是高度浓缩精炼的感受。（尽量谈感受，不要讲一堆废话和没营养的故事。）具体怎么撩，自己去琢磨。每次他的兴趣被勾起来的时候你都可以不回复，或者不着急回复，这样让他的情感被压制和沉淀一下，当情感被压制得越来越多的时候，他可能某一天会抓着你问你到底在不在乎他。

怎么夺回主动权？我给你支几招：

1. 学会说"不"：我们的传统文化教会了很多人"忍耐"，可能当时自己也觉得这是小问题，但是无数的小问题其实就是原则性的问题。当纵容变成习惯，你的承受能力会被一点点地消磨，等到问题由量变到质变，一切都晚了。

比如你的爱人习惯性地把脏袜子脱下来丢给你，你就别抱怨了，因为这是你一直没有说"不"的结果。要么就伺候得心甘情愿，要么就在开始时说"不"。

2. 关爱自己：很多人会抱怨伴侣不够关心自己，你有没有想过，你自己足够关爱自己吗？一个不忽略自己的人，才能赢得别人对你的重视。别人对自己的关爱，不是索取来的，更不是求来的，而是影响得来的，同样需要教育。

比如你生病的时候，需要他把水端到你的床头，而不是发条短信告诉你多喝水；比如过情人节他如果没有给你买花，你就自己买一大束花以他的名义送给自己，这就是不忽视自己，这就是教育。

3. 平等协商：任何问题、争端，大多来自我们处理问题的态度，委曲求全和强势说服都是错误的行为，都会让局面很被动，无论是自己不甘心地妥协还是让对方勉为其难地接受，其实都是表面上的风平浪静、息事宁人，并没有解决根本问题。所以凡事能不带主观情绪地平等协商，最后赢得双方都满意、都接受的结果，才是良性沟通。沟通绝对不是听谁的，是听对的。

4. 绝对控股：这个问题我们之前也提到过，很重要，其实就是让自己保持永远清晰的自我认知。你是谁？你的地位和作用、责任和义务是什么？控制自己在婚姻家庭中投入的股份，能拥有相应的话语权，这是不被动的关键。

试想：一个连基本的生存能力都没有的人，要依托伴侣生活，那么何谈主动权？

今日作业

　　坚持一个月不去翻看他的手机，不去问他是谁来的电话和微信，他回家晚了不打电话一遍遍地追问他在哪儿，和谁在一起。试试看有什么奇效。

北辰箴言

　　自己给自己安全感，强大到他的安全感也由你来掌控，你就是最安全的。亲密关系中，谁能给予对方安全感谁就占据主导地位，谁索取谁被动。

第二章　情商篇

提升幸福力

禁果效应：

巧用"好奇害死猫"，制服逆反

心理学关键词：禁果效应

　　顾名思义，禁果效应指的是理由不充分的禁止反而会激发人们更强烈的探究欲望。

　　就好像被禁食的果子特别甜，被禁止的事情偏有人去做，这就是禁果逆反效应。

　　在古希腊神话中，万神之首宙斯有位侍女叫潘多拉。有一次，宙斯派她去传递一个魔盒，并千叮咛万嘱咐不能打开盒子。然而正是宙斯的告诫，激起了她不可遏制的好奇心和探究欲望，于是，她不顾一切地打开魔盒，结果，盒子里装着的所有罪恶都跑到了人间。

其实，正是宙斯"禁止打开"的命令促使潘多拉将盒子打开，这就是心理学上所说的禁果效应。

1988年，电影《寡妇村》在上映前亮出"儿童不宜"的告示，很多影院门口挂上了"未满十八岁不得入内"的牌子。这恰恰激起了很多未成年人的极大兴趣，大量观众怀着好奇

心走进影院：越不让我看，越要想方设法地看一下到底有什么。结果大家发现影片根本没有出格的情节，于是媒体纷纷展开讨论，该片因而成为内地影片拿分级当炒作手段的第一个案例。

《寡妇村》的炒作很好地说明了禁果效应的应用。

"禁果"的典故，讲的是夏娃被神秘智慧树上的禁果所吸引去偷吃，被贬到人间。这种被禁果所吸引的逆反心理现象，被称作禁果效应。由于青少年处在特殊的发育期，好奇心强，逆反心理重，因此在他们身上常出现禁果效应。

总是有父母来向我咨询，说自己的闺女高中三年来一直是个乖乖女，怎么现在快要高考了恋爱、撒谎样样俱全！肯定是哪个男生把她给带坏了！

也有年轻人来抱怨，说他们两个人谈得好好的，家长就在中间各种阻挠，说什么门不当户不对，男的家里条件不好怎么怎么的。越是这样，女方越是觉得男朋友可怜，越要反抗父母，甚至想过一定要和男朋友一起白手起家让父母瞧瞧，没钱也可以过得很好。

…………

很多很多这样的例子发生在我们周围。事情最终的结果如何呢？

真正能最终走到一起而且过得还不错的情侣其实很少，特别是在学生时期，毕竟学生时期恋爱的人，最终能够不影响学习的没有几个。

青年时期谈恋爱，因为父母百般阻挠，孩子光顾着和父母对着干而没有真正去了解对方是一个什么样的人，在日后的婚姻中才了解对方的缺点和矛盾点要比谈恋爱时期复杂得多。

这种反抗下的心理现象到底是什么？

这还是禁果效应。

所以，如果我们没有充分的理由，而对事情简单地禁止，那么该事物就会对个体产生特别的吸引力。在之前的文章中我提到过逆反心理的其他两类非常经典的效应，那就是超限逆反和自我价值保护逆反。

其实不仅仅是青春期的孩子，就算在成人世界里也有逆反心理，那么面对逆反心理，我们怎么有效地进行沟通呢？

第一，超限逆反，也就是机体过度接受某种刺激后出现的逃避反应。

比如爸爸妈妈们喋喋不休地告诉孩子要好好学习，好好利用时间，但在这种劝导下，孩子的回馈大部分是："唉，你不要再说了，好烦啊，我都知道了你还说！"

孩子依旧浪费时间，依旧玩手机不看书，这就是逃避的反应。

家长需要做的是，在你认为一个比较好的时间点里和孩子单独聊一聊：

他眼中的自己现在是什么状态，爸爸妈妈看到的又是什么状态？

如果他想要达到某个目标，需要做到哪些才会有机会？

如果他继续这样浑浑噩噩地过下去，会有什么后果？

而对不好好学习的后果家长可以举更具体的例子让孩子有感官对比。

谈过之后，家长需要给孩子一个缓冲的时间让他去制订计划，父母也需要计划家里要怎么有效配合以达到这个学习氛围，而不是完全让孩子没有一点空闲时间，看到孩子在休息就让孩子抓紧时间学习。

第二，自我价值保护逆反，是说当外在的劝导或者影响威胁到人们的自我价值的时候，人们就会有意无意地进行自我价值保护。

举例来说，父母当着外人的面直接批评孩子做得不对，那么孩子的第一个想法是没面子，而不是自己做错了。

接下来孩子的思想和行为就会是：我排斥和你说话，你不尊重我。那么他又怎么可能听父母的教导呢？！

所以你要想有效地说服别人，不管是孩子还是朋友、同事，就必须给别人留面子，在维护他们尊严的前提下来协商。

罗密欧、朱丽叶分别是两个家族的人。罗密欧来自蒙太古家族，而朱丽叶来自凯普莱特家族，这两个家族可是世代为仇，老死不相往来，可来自蒙太古家族的罗密欧和凯普莱特家族的朱丽叶偏偏就相爱了。在两个家族的百般阻挠下，两人仍然相爱，为我们留下了一个非常美丽的爱情故事。

心理学家研究过这种现象：是不是家庭阻挠得越狠，这两个情人相爱得就越深呢？

心理学家卡尔找了91对已经结婚的夫妇，这些夫妇都是家里面的人非常反对他们结婚的，但是他们仍然结婚了。卡尔又找了49对还没有结婚，但是已经恋爱了八到十个月的情侣，也是家里面的人无比反对他们在一起的。

然后卡尔对他们进行观察和测试，经过十个月，调研统计出数据，发现受家族里面的人反对得越狠的夫妻，到最后反而相爱得越深。这就是"罗密欧与朱丽叶效应"。

所以啊，那些棒打鸳鸯的父母该思考一下了！

除了在教育领域，在营销方面，禁果效应也是屡见不鲜。

禁果效应是饥饿营销的鼻祖：禁果效应会加速信息的传播。

据说土豆从美洲传到法国的时候，法国的好多权威人士认为土豆对土壤不好，土豆就是鬼苹果，所以老百姓人心惶惶，都不愿意要土豆。而法国的农学家就得想办法，这么好的一个东西，怎样在法国进行推广？农学家圈了一块土地，并且与国王商量好，派卫队把土地包围起来，不让别人知道在这里面偷偷地种上了土豆。

老百姓就很好奇里面是什么东西还得用国王的卫队看守，防卫如此森严。老百姓今天去看没看着，明天去看还没看着，这更加激发了他们的好奇心：是不是这个东西特别金贵，特别好吃呢？

终于有一天卫队撤走了，老百姓一看没人赶快进去，弄了几根土豆苗出来种到自己的地里，看看这到底是什么好玩意儿。结果长大之后就是土豆。老百姓一吃发现特别好吃，于是纷纷种上了土豆。农学家和国王就是利用了禁果效应帮助土豆在法国推广的。

有句广告语：今年过节不收礼，收礼只收脑白金。脑白金在进行宣传的时候，一开始没有铺货，只在媒体上做做宣传。

脑白金是什么东西？老百姓很想看看，想买来试试效果，可就是没货。等它上市的时候，老百姓一看有货了，纷纷去购买。史玉柱先生就是运用禁果效应（饥饿营销）提高老百姓的好奇心，进而推动销售。当然，脑白金的成功不仅仅用了禁果效应，还结合了其他方面的营销手法。

雷军现在也叫"雷布斯"。他提前发布一个新品，老百姓一看，这手机这么好、这么漂亮，我要预订一个。结果预订非常麻烦，还要抢购，老百姓今天抢没有抢上，明天抢没有抢上，后天抢还没抢上，就会发动身边的朋友一起抢。这是不是就帮助雷军做了广告？于是小米手机根本没有花大量的钱做户外的广告和渠道推广，知名度却一下就很高了。别的手机营销成本要占到手机销售额的9%，而小米手机能够控制在3%以下。

当然，禁果效应也可以应用在不好的地方。

某些明星见新闻上好久没有他的消息了，为了刷一下存在感，就刻意制造一个绯闻，然后故意被狗仔队拍到。狗仔队一拍，第二天的微博、微信上就会有一大堆消息，老百姓就开始八卦了，都喜欢看看，娱乐一下。而这个明星遮遮掩掩故意不出来澄清事实，等到这个事件发酵到一定程度，才出来澄清一下。这个明星会因为曝光率获得很大的收益，瞬间提高知名度。

禁果效应是客观存在的一种心理现象，我们应该科学地去使用它，帮助自己和他人成长，推动社会进步，这才是我们的意义所在，而不能拿它去愚弄大众，这是我们不倡导的。

今日作业

　　用禁果效应尝试着去对屡教不改的孩子进行一次说服，比如他爱睡前吃糖，比如他不爱吃蔬菜。

北辰箴言

　　人人都有逆反心理，你越是控制越是容易失控，只要是能放在桌面上谈论的问题，就都可以解决，千万别变成暗流涌动。

拆屋效应：
学会把真正的诉求藏起来

心理学关键词：拆屋效应

你可能没有想到，这个源于西方的心理学理论，这一次却是我们的文学巨匠鲁迅先生提出的。鲁迅先生曾于 1927 年在《无声的中国》一文中写道："中国人的性情总是喜欢调和、折中的，譬如你说，这屋子太暗，须在这里开一个窗，大家一定不允许的。但如果你主张拆掉屋顶，他们就会来调和，愿意开窗了。"这种先提出很大的要求，接着提出较小、较少的要求的现象，在心理学上被称为"拆屋效应"。

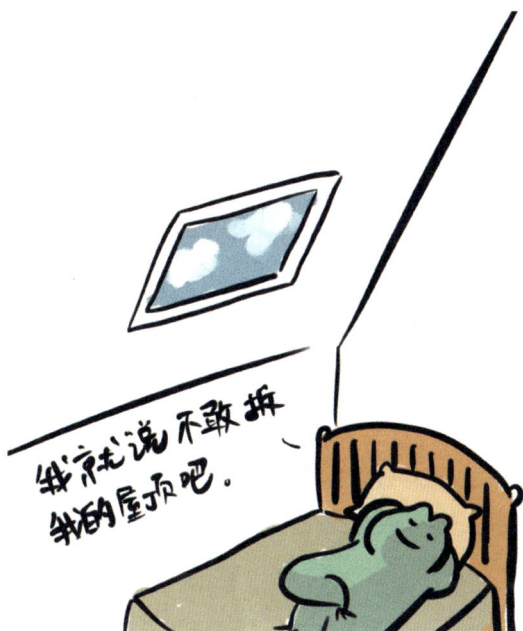

　　我们在日常生活中经常有被拒绝的经历，既然是提要求，那么一定是你特别希望对方满足你的要求，被拒绝一定不是你想要的结果，那么如何增加被接受的可能，意义就十分重大了。

　　我们来看下面的场景：

　　孩子说："妈妈，我想吃一个橘子！"

　　妈妈："我没空，忙着呢。"

孩子说："妈妈，我想吃一个苹果！"

妈妈："这孩子，还是给你一个橘子吧，苹果还要削皮，妈妈正忙着呢。"

大家看明白其中的玄机了吗？小朋友想吃橘子，直接提出来，那么就是一个没有对比的单项要求，被拒绝的可能性很大。如果小朋友提出一个更复杂的要求，和"吃苹果"比起来，"吃橘子"的小要求就更容易被接受。

拆屋效应：想不被拒绝，有时候必须隐藏自己的第一诉求。

我们如何来解释这种现象呢？我们拿两种情况做一下对比，第一种是先提出一个不合理要求，再提出一个相对较小的要求；第二种是直接提出这个较小的要求；比较哪种情况下的要求更易被接受。试验结果表明，在前一种情况下提出的要求更容易被人们所接受，而直接提出要求不容易被接受。通常人们不太愿意连续两次拒绝同一个人，当我们拒绝第一个无理要求后，会对被拒绝的人有一种歉疚感，所以当他接着提出一个相对较易接受的要求时，我们会尽量满足他，而不太愿意连续两次摆出拒绝的姿态，是因为我们并不想因为自己的行为而让人觉得自己想拒绝这个人。

拆屋效应也是在谈判中常用和有效的技巧。有时候我们需要在谈判一开始就抛出一个无理而令对方难以接受的条件，但这并不意味着我们不想继续谈判下去，只代表一种谈判的策略罢了。这是个非常有效的策略，能让我们在谈判一开始就占据比较主动的地位。但记住这只是"拆屋"，如果我们想让谈判真正有所进展，不要忘记"开窗"。所以，如果当你的一个要求别人很难接受时，在此前你不妨试试提出一个他更不可能接受的要求，或许你会有意外的收获。

有这样的例子：一个孩子因为犯了错误离家出走，把家长急坏了，家长到处寻找孩子，焦急万分，没过几天孩子安全地回来后，父母对孩子之前所犯的错误只字不提了。实际上在这里，离家出走就相当于"拆屋"，是家长没办法接受，也是不希望再发生的一种结果，孩子之前犯的错误就相当于"开窗"，虽然原来的错误难以接受，但相对离家出走而言就显得可以接受了；或者比起更为严重的后果，小问题就容易被忽略了。

拆屋效应的产生是由于：在面临不希望发生的事时，有两种心理机制启动，一是设法采取一些措施避免事情的发生，二是开始调整矛盾心理，准备接纳会发生的事实。如果在调整矛盾心理使之进入平衡状态时，出现的一个新的选择与内心平衡状态相近，这个选择就很容易被内心接纳。

有心理需要，就会有心理效应的产生及其社会能量的释放。

我们必须正确引导人们的心理需要和心理效应，使之充分发挥积极的社会作用，同时及时纠正其负面影响，避免出现失误和偏差。比如刚才的案例，很多孩子就是在用"拆屋效应"威胁家长。

我们假设出现这样一种情况：

有一个朋友问你借钱，一开始说自己需要一万块钱，尽管你们关系不错，你很信任他，但你心里可能还是会犹豫。

当你还不知道是否要拒绝又或者该怎么拒绝他的时候，他说他也知道你的难处，只希望你可以借他两千块，其他的他自己想办法。

这个时候你可能二话不说就借了，而且之后还会有种莫名的愧疚感，觉得自己没尽到一个朋友的责任。

如果你是这样想的，那我告诉你，你被套路啦！

那我们该如何解释这种现象呢？

其实对比一下下面的情况大家就能明白了。如果这位朋友一开始说想问你借两千块钱，你答应了，但是他立刻又说，可能还不够，能不能再借他八千？

这个时候你是不是会觉得对方不真诚，好像在试探你的底线，还有种对方得寸进尺的感觉？

对他的第二个要求，你会更有底气去拒绝，因为你可以理直气壮地说："我已经借过钱给你了，尽到了朋友的义务！"

但如果他一开始就对你提一个不合理的乃至过分的要求，

你会拒绝，这时他提第二个小要求的时候，你出于一种歉疚心理，一般会满足他。

拆屋效应在日常生活中应用得非常广泛，最常见的就是砍价了。

卖家先说一个价格，这个价格一般会高于最终的售卖价格，甚至是成本价的好几倍，说出来就是让你砍的。

而买家一开始提一个低于卖家预期的价格，然后双方再一点点地谈判，一个往下降，一个往上涨。这已经是大家默认的一个规则，我们都知道这不代表你不想卖我不想买，只是一种谈判的策略罢了。

更重要的是，双方都会非常满意：卖家会觉得，最起码最终的成交价不是一开始买家说的那么低，一直在慢慢涨；买家也觉得自己赚到了，能砍一点儿是一点儿嘛。

除此之外，我们提过的薪资谈判也是一样的。你一开始提的应该要高于你本身的心理期望，然后给老板"砍价"的空间。如果你一开始就咬定了某个价格，他可能会觉得你怎么这么死心眼，即便最后答应你了，后续对你的态度也可能发生改变。

我们都希望通过一个方法让别人答应我们的要求，你可以理解为，这是我们为了达到诉求，使用的"套路"；但是另外一方面，了解这些方法，同时又可以防止被"套路"，在正反之间，把握合理的原则和尺度，就很重要了。

最后我教大家几招拆屋效应的应用技巧：

1. 知己知彼，拎得清。你要在心里有一个相对客观准确的评估，对本次事件或者要求，自己有几成把握，自己对对方的了解程度如何。比如，如果你确定自己在单位举足轻重，确定领导很需要你，那么大可以用提出离职的方法来获得自己想要涨工资的真正心理诉求。否则，你可能就会"梦想成真"，真的被辞退。

2. 不要碰触对方的底线。对有些男人来说，女人一吵架就容易提离婚，这是很让他反感的事情，但是一直隐忍着。而很多女人习惯了，任何要求不被满足就提离婚：不给买包，离婚；不借钱给我弟弟，离婚；教育孩子的理念不同，离婚。殊不知，虽然离婚从不是她源自心底的诉求，但是终于有一天她"被自己离婚"了。

3. 切忌对同一个人频繁使用。很简单，谁都不傻，有时候我们给予的满足是看穿了以后的宽容和接纳。当你频繁地对一个人使用拆屋效应时，被看出虚伪和套路的可能就很大。虽然这不失为一种更容易让人接受的方法，但是用多了，就显得缺乏真诚，过于有心机。

4. 出发点要被接纳理解。如果要求是恶意的，充满欺骗，那么早晚会被识破；如果是善意的，甚至充满爱的，就更容易被接受和宽容。初心有时候就是决定事情成败的关键。

今日作业

　　运用拆屋效应，尝试去实现一个近期最重要的诉求吧！

北辰箴言

　　要求怎么提出来，是技巧和情商的体现，但是再高的情商也抵不过真诚和善良。

霍桑效应：

有的问题和情绪，暴露了就有了答案

心理学关键词：霍桑效应

在美国芝加哥市郊外的霍桑工厂是一个制造电话交换机的工厂，具有较完善的娱乐设施、医疗制度和养老金制度等，但工人们仍愤愤不平，生产状况也很不理想。为探求原因，专家们做了一个"谈话试验"：即用两年多的时间，专家们找工人单独谈话两万余人次，规定在谈话过程中，要耐心地倾听工人对厂方的各种意见，并做详细记录，对工人的不满意见不准反驳和训斥。这一"谈话试验"收到了意想不到的效果：霍桑工厂的产量大幅度提高。这被称为霍桑效应。

霍桑效应给我们的启示是：人在一生中会产生数不清的意愿和情绪，但最终能实现和被满足的为数不多。对那些未能实现的意愿和未能被满足的情绪，切莫压制下去，而要千方百计地让它宣泄出来，这对人的身心有利。

工人长期以来对工厂的各种管理制度和方法有诸多不满，无处发泄，谈话试验使他们将这些不满都发泄了出来，从而感到心情舒畅，干劲倍增。

霍桑效应就是当人们在意识到自己正在被关注或者观察的时候，会刻意去改变一些行为或者言语表达的现象。

我们分析后发现，工人的工作效率大大提高的原因，有两点：

1. 受关注让人感觉良好。

"谈话试验"当中有一个试验内容是把六名女工安排成一组，当六名女工被抽选出来成为一组时，她们就意识到自己是特别的，是受到关注的。这种被需要、被关注的感觉，会让她们认为自己是被重视的，让她们加倍努力地工作，以证明自己是优秀的。

2. 成员间良好的相互关系。

工人们长期以来对工厂的各项管理制度和方法存在诸多不满，无处发泄，访谈计划的实行恰恰为他们提供了发泄机会。他们发泄过后心情舒畅，士气提高，产量自然得到提高。这种将监督与控制改为谈话的方法，能够改善人际关系，改变工人的工作态度，促进产量的提高。

从上述例子中，我们可以看出霍桑效应的作用：

夸奖和鼓励真的可以造就一个人，被期待者更容易成功，这和罗森塔尔效应有异曲同工之处。

你认为自己是什么样的人，就能成为什么样的人。

人的一生中，总会有各式各样的愿望，有些愿望看似很遥远，很难实现，但当你坚信自己可以做到，并有旁人一直鼓励你的时候，你离你的愿望是最近的。

每个人的人生中都充满了可能性，只要你相信自己是特别的，总有一天你会成为特别的存在。

霍桑效应在亲密关系中的应用：表达内心的需求。

经常有咨询者问相似的问题：我老公经常发火，发那种让我完全发蒙、莫名其妙的火，最近我说话他就怼我，孩子也跟着遭罪。

其实这就是某一件事在表达和沟通时，引发了心理上的情绪郁结，需要我们耐心地加以引导，给出释放和发泄的通道。

霍桑效应给我们的启示同样如此，适当发泄那些未能实现和未能被满足的情绪，是很必要的行为。

从刚才的案例中我们可以分析出，男人其实比女人更加敏感，只不过大多数情况下，女人选择诉说，男人则选择沉默。男人和女人之间的沟通在两个人的关系发展中起到重要的作用。

女人应当多认真倾听男人内心的真实想法，这样对方才会愿意向你倾诉，另外，他也会觉得自己得到了重视。

个体只有在被需求、被重视的情况下，才有可能放下心理上的多重防御。

女人和男人之间的关系同样是如此，男人只有觉得自己在女人眼里是重要的，才会更加积极地去对待这段感情。

当人们意识到自己被另一半关注的时候，就会刻意地去改变。那些并没有得到积极关注的男人，更容易选择离开女人。

一些选择逃离家庭的男人，在做出决定之前，可能和妻子冷战了很长时间。女人在面对男人的漠不关心或者错误的时候，总是妄图用冷暴力或者歇斯底里的责骂来指责男人。

然而事情往往并没有向着女人期待的方向发展，这样做反而会让男人更加厌倦女人，甚至觉得女人是在无理取闹，自己在这个家庭之中缺少价值。

霍桑效应积极的一面，就是一个人因为受到关注会具有变得更好的内在动力。

我们不得不承认，在大部分时候，人是渴望被关注的，就如同渴望被爱一样，是一种与生俱来的需要。

霍桑效应有两个重要结论：

1. 在企业内部更有影响力的，是非正式的职场关系，同理，在家庭内部更有影响力的，也绝非父子或者母女这种辈分伦理关系。

2. 人的情绪，是会被带入工作或者生活中进而影响效率和结果的。

也就是说，负面情绪会通过一个看不见的渠道快速传染，并且影响这个组织的工作、生活质量和效率。

当你不被重视，这种情绪常见的发泄渠道有两种：

1. 憋在心里，排解不出去，自己郁闷，或者自我否定说这是小事情，不该那么在意。但是纠结本身就是情绪被影响的表现，而负面情绪会影响你的生活。

2. 说出来，跟自己的朋友抱怨两句，甚至在办公室里发牢骚，或者进行"踢猫效应"的重复演绎。

不管是哪一种，结果都是要么只有当事人的情绪受影响了，要么这一个人的情绪影响几个人，而每个人都有自己的圈子。千万不要小看"圈子效应"，这种负面情绪一定会继续蔓延，从一个人的小圈子蔓延到另一个人的小圈子。

那么，按照霍桑效应，一段时间内，你就可能因为一次小情绪而陷入巨大的负面状态。

但其实，更可怕的是被"无视"。可能对方完全没看到，可能完全不在乎，这很危险。

有一个故事是关于马化腾的。

马化腾看到手下一个上市公司CEO发了一条朋友圈，内容大致是，晚上十二点加班开完会，还是要锻炼，决定跑步回家。

马化腾留言："你是换了衣服再背着背包跑吗？"

对方回："在办公室换了衣服，包让司机送回家。"

马化腾又回复："路上的人和车那么多，让司机送你到体育场或者室内跑，会更安全吧？"

能成为腾讯帝国的掌门人，马化腾当然有他的伟大之处，比如这件小事反映出的为员工规避风险的意识。

有人说马化腾是能"一眼看到底"的人，能通过一句"十二点跑步回家"就说出换衣服、注意人身安全的话，这是具有极其深刻的洞察力的表现。

从管理角度来看，员工是企业最重要的资产，提醒员工规避安全风险，就是无形中保护公司资产的做法。

不管是管理企业还是经营家庭，你替别人规避风险，就是替自己规避管理风险。

"领导者很多时候就像一粒火种，当你要点燃组织，给予组织正能量的时候，要借助一个所谓的正当渠道，这种正当渠道往往比较慢热。但是，如果你有一个不当行为传递出负能量的时候，它往往会先点燃一个非正式组织，而且会烧得很彻底，让非正式组织的每一个成员深深地沉浸在负能量之中，然后它会迅速向其他非正式组织传递。"

今日作业

　　尝试着和人沟通一下压在心里很久、一直隐忍，却在影响你的情绪的想法。

_____

_____

_____

北辰箴言

　　从旁人的角度来说，善意的谎言和夸奖真的可以造就一个人；从自我的角度来说，你认为自己是什么样的人，你就能成为什么样的人。

过度理由效应：
你不是应该这样，别人也不是就应该那样

心理学关键词：过度理由效应

> 每个人都力图使自己和别人的行为看起来合理，因此总是为行为寻找理由。人们一旦找到了认为足够的原因，一般就不会继续寻找下去；在寻找行为原因的时候，总是先找那些显而易见的外在原因。外部原因足以解释行为的时候，人们一般就不再去寻找内部深层次的原因了。

1971年，心理学家德西和他的助手使用试验的方法，很好地证明了过度理由效应的存在。他以大学生为试验对象，请他们分别单独解决测量智力的问题。

好怕怕

这个世界没有应该，只有你需要，我愿意。

试验分为三个阶段：

第一阶段，每个被试者自己解题，不给奖励；

第二阶段，将被试者分为A、B两组，A组被试者每解决一个问题就得到1美元的报酬，而B组依然不给奖励；

第三阶段，自由休息时间，被试者想做什么就做什么，其目的是考察被试者是否维持了解题的兴趣。

结果发现：

B组在自由休息时仍继续解题，而A组虽然在能获取报酬时解题十分努力，但在不能获得报酬的休息时间里，明显失去了解题的兴趣。

第二阶段时给 A 组的金钱奖励，作为外加的过度理由，造成了明显的过度理由效应，使 A 组被试者用获取金钱奖励来解释自己解题的行为，从而使自己原来对解题本身有兴趣的态度出现了变化。

到第三阶段，一旦失去奖励，态度已经改变的 A 组被试者就没有了继续解题的理由，而没有受到过度理由效应影响的 B 组被试者，第三阶段仍保持着对解题的热情。

过度理由指附加的外在理由取代人们行为原有的内在理由而成为行为支持力量，从而行为由内部控制转向外部控制的现象。

生活中，尤其是性别心理学告诉我们，男人和女人会用"过度理由"给自己的行为和习惯找借口或者指导原则：

你是男人，所以不能哭；你是女人，所以要留长发；

你是老公，需要养家；你是老婆，所以要更温柔。

你会发现，过度理由效应很容易发生在过分讲究"1"和"0"的角色分配的情侣身上。经常有男方抱怨自己的爱人不懂得付出，一味地索取，女方则不以为意地觉得这是作为老公应该尽的责任。究其原因，正是两人的关系长期陷于单一流向导致的。

一开始，作为"老公"的一方确立了自己"1"的角色以后，为了显示自己的宽大肩膀，用心呵护自己的爱人，不断地从各个层面去付出，另一方则拼命地体现自己的"小鸟依人"感。久而久之，过度理由效应便产生了作用，两人不自觉地就将情侣关系的定位停留于表面的"施予和获得"这个利益层面上，而忽视了深层次的感情交流、生活适应和个性融合等方面。

最后，索取的一方的直接欲望越来越膨胀，而付出的一方到最后往往变得疲惫不堪。到分手时，一个会觉得对方自私自利、只为了得到好处而和自己在一起，另一个会一味地指责对方根本不爱自己或者另有新欢才不再对自己付出。

所以，单纯地付出虽然能够暂时保持表面上的火热与紧密关系，但这同时也是分崩离析的前奏。一旦这种付出由于对方与日俱增的欲望而无法为继时，那就预示着悲剧的上演，因为让对方相信那个能维系两人关系的表面理由已不复存在了。

有这样一个有趣的故事：一位老人在一个小乡村里休养，附近却住着一些十分顽皮的孩子，他们天天互相追逐打闹，喧哗的吵闹声使老人无法好好休息。在屡禁不止的情况下，老人想出了一个办法。

他把孩子们都叫到一起，告诉他们谁叫的声音越大，谁得到的报酬就越多，他每次都根据孩子们吵闹的情况给予不同的奖励。到孩子们已经习惯于获取奖励的时候，老人开始逐渐减少所给的奖励，最后无论孩子们怎么吵，老人一分钱也不给了。

结果，孩子们认为受到的待遇越来越不公正，认为"不给钱了谁还给你叫"，再也不到老人所住的房子附近大声吵闹。

行为如果只用外在理由来解释，那么一旦外在理由不再存在，这种行为也将趋于终止。因此，如果我们希望某种行为得以保持，就不要给它足够的外部理由。

一开始，小朋友们蹦跳是自发的，从中获得的乐趣是唯一支撑他们继续跳的内在理由，老人的斥骂也阻止不了这种热情。而后来，老人家引入了利益这一外在刺激，小朋友们逐渐忘记了原本自己是为什么要在这里跳，获得奖励变成了蹦跳的唯一目的。当奖励这一外在理由消失后，小朋友们就没有理由说服自己继续跳下去了。

公司老板如果希望自己的职员努力工作，就不要给予职员太多的物质奖励，而要让职员认为他自己勤奋、上进，喜欢这份工作，喜欢这家公司；希望孩子努力学习的家长，也不能用太多的奖品去奖励孩子的好成绩，而要让孩子觉得自己喜欢学习，学习是有趣的事。

如果人的某一行为有充分的内在动力（内部理由）支撑，则人们对此行为与其理由的认知是协调的。但如果给予更具吸引力的外在刺激（外部理由），则人们对此行为的解释，会转向这些外部理由，人们的行为就从原来的内部控制转向了外部控制。一旦外在理由消失，人们的行为就失去了理由支撑，从而倾向于停止此行为。

过度理由效应在亲密关系中的表现：

感情这种东西很奇怪，一开始的时候，都是你侬我侬，但随着相处时间的增加，相互之间的埋怨、指责就会越来越多。那究竟真的是另一半对我们差了，还是我们没有看到他们的付出？这就跟过度理由效应有关了。

比如说：丈夫知道妻子喜欢花，所以每周五都会买一束花回家送给妻子。一开始妻子会觉得很感动，认为这是丈夫对她的爱的体现，但时间久了，妻子有可能就会把这种爱看成是"责任"，认为丈夫送花给自己是正常的，是责任。

这就导致如果某一天丈夫因为工作或其他事，不能买花带回家，妻子就会觉得：他是不是不爱自己了？他为什么不再像以前那样？在他心里我肯定变得不重要了。

从这个例子我们可以看到，"责任"是妻子认为丈夫会这么做的外部原因，而"爱"是丈夫真正为什么会这么做的内部原因。

当妻子认为责任可以解释这一行为时，就忽略了丈夫会这么做的内部原因。所以，有时候夫妻之间相处，除了要看到责任，我们还需要看到责任背后的爱。

在我们的日常生活中，可能经常会有这样的体验：

朋友帮我们的忙，我们不会觉得奇怪，因为对方"是我的朋友"，所以他会帮我是意料之中的事。但如果换成一个陌生人来帮助我们，我们就会特别感激，认为对方是个"热心帮助他人"的人。可明明都是帮忙，为什么只是人不同，就导致我们的态度相差这么多？这就是受过度理由效应的影响。

如何在生活中避免过度理由效应带来的负面影响？

1. 深入发掘外部理由背后的原因。

生活是由各种各样的小事组成的，所以这里我并不是说每件事都要刨根问底地寻求其深层原因，而是比如在争吵之后，或者发生矛盾之后，我们要找到背后的原因。

比如在恋爱关系中，一方使用冷暴力可能是因为缺乏安全感又自尊心高；比如你的作闹，对方不再像以前一样哄你，那么可能对方已经厌倦了你的这种行为。这个时候你需要做出真正的调整和改变。

2. 不要给它过于充分的外部理由。

如果我们希望某种行为得以保持，就不要给它过于充分的外在理由。比如你想让自己的恋人更爱你，就不要给他过多的奖励，不要对他过于亲昵和无微不至，因为一旦这样的奖励没有了，他可能就会不满意，甚至和你分手。在日常生活中，有很多所谓的"应该"，我们总是赋予某种角色某种"应该"：作为男友就应该主动道歉，作为父母就应该给自己零花钱，作为朋友就应该随时随地站在自己这边……

3. 没有"应该"，牢记别人对你的付出。

既然别人对你有所付出，你要想感恩，首先要做的一点就是牢记别人对你的付出。试想如果别人为你做了什么事情，你都不知道，又何谈感恩呢？

我们要看到内在原因，看到对方的付出，对对方的行动给予夸奖和赞美，表达你的爱，而不是觉得那是所谓的"应该"。

4. 你要的别人也想要，适当地付出。

感恩不能只是一句话，必须有适当的行动，这些行动既是对对方的一种回报，也是一种感恩心态的表示。我们经常说，己所不欲勿施于人，同理，你想要的，别人也想要！我们要学会付出。

当然，这种行动不能盲目，而应该在适当的时候表示为好，特别是在对方需要你帮助的时候，你如果能雪中送炭，那么就更好了。表达感恩、感谢，别人最怕的就是刻意为之，这样会让对方有一种"交易"的感觉。硬邦邦的来往，没有多少人情味可言。因此，你在向对方表达这种情意的时候，一定要记住一点：自然、随意。

你拼命找到的外部理由不过是让你内心舒服的一个借口而已，当你被这种借口催眠，只会让自己的目光越来越狭窄，斗志越来越弱。

今日作业

找出亲密关系中，你因为过度理由而"欺负"对方的一件事，并表示真诚的歉意。

北辰箴言

这个世界有一种伤害，是你堂而皇之地给自己找的借口；还有一种退让，是你给对方找了一个欺负你的理由。

三明治效应：

麻烦把你的批评藏好了，别装耿直boy（男孩）

心理学关键词：三明治效应

在批评和改变心理学中，人们把批评的内容夹在两个表扬之中从而使受批评者愉快地接受批评的现象，称为"三明治效应"。这种现象就如三明治，第一层总是认同、赏识、肯定、关爱对方的优点或积极面，中间这一层夹着建议、批评或不同观点，第三层总是鼓励、希望、信任、支持和帮助，使之回味无穷。这种批评法，不仅不会挫伤受批评者的自尊心和积极性，受批评者还会积极地接受批评，并改正自己的不足。

不要以为我们很熟悉，就可以随便打击我！

　　我说一个很温暖、很舒服的话题：用爱说话。

　　这不但是最高的情商，也是沟通中最高的技巧，而且成本很低，也最讨巧。

　　不管你学了多少说话之道，不管你看了多少蔡康永的书，记住，一切高情商表现都不是玩弄技巧、处心积虑，而是以爱为出发点的沟通。

　　而且这种爱，需要是对方真正需要的、能收到的，不是你主观强加的、你认为的。

　　所以北辰有一个原创的观点：爱要以对方收到为准。

案例：医院里妻子陪护生病的丈夫。

妻子："你看看你折腾多少年了，我就说你不适合当领导，一个小破组长，算个什么级别？什么也不是。折腾得三天两头住院，家里指不上你，钱没赚多少不说，你还得罪一大堆人，没金刚钻就别揽这瓷器活儿。出院后赶紧去辞职！"

丈夫："你别叨叨了行不？你回家吧！这里不用你了。"

妻子："好像谁爱管你一样，你这人好赖不知！"

好了，本来妻子一边给丈夫按摩一边说这些，现在跑到医院走廊上去哭了。能放心走吗？一会儿她还得擦干眼泪去陪床。

你看，其实妻子是好心，但说的话完全不对味。如果她换一种让丈夫听出爱的方式，就完全不一样了

妻子："老公，我们家原来多好，没事我们还能一起去小区遛遛弯，周末陪孩子去动物园。自从你当了领导，假期没了，还天天加班。你看把你累的，我可心疼了。"

丈夫："唉，能怎么办？我不也是为了这个家嘛。"

妻子："老公，你人实在，官场上的事你也挺费心的，这两年头发白了不少，你才四十岁啊。钱也没多赚多少，要不咱们不干了，我们娘儿俩不求富贵，只要你平安就好。"

丈夫："嗯，我考虑一下。辛苦老婆了，下班就跑来医院，要不你回去吧，孩子还没吃饭呢。"

你看看，这是不是截然不同的两种效果？前者充满怨怼，后者充满了怜爱。

所谓的用爱说话，其实就是最简单的情感连接。如果你说话不走心，没有考虑对方的感受，或者本来出发点就是指责和埋怨，那么这既不叫沟通，也必定无效，甚至会激发对方的反抗行为。因为你没把爱夹在里面，他自然就收不到善意的信号，也无法和你连接成功。这样双方的立场就是敌对的，或者你进攻我防御。

著名的三明治效应也再次说明了这种"欲贬先赞"的批评方法会有好的效果。大家运用此方式的时候，可以注意以下两个方面：

1. 批评和希望对方改变的时候不能指责、埋怨对方，因为指责容易让对方产生抵触、逆反等不良情绪，这会强化对方的敌意，激化矛盾。

举例："你这人就是有拖延症，交代的事情从不马上完成，到最后糊弄交差，你看又出问题了吧。以后什么重要的事也不能交给你，准出错！"

简单的一句话，犯了几个错误：第一，贴标签，人身攻击；第二，指责性评价，完全忽略对方的努力了；第三，妄下结论，全盘否定。

从例子这段话中我们基本可以判定，对方有失误，但是这样的沟通方式有多少效果呢？虽然事实上你很可能是因为说了无数次这样的话，而对方也无数次没有改变，所以才这么生气，但是这也从侧面证明了这样是无效的，对方就算意识到自己错了也不会改变，或者嘴上接受，心里不服气，甚至会有抵触情绪，比如找出你的一个类似弱点攻击你。因为人在被攻击的时候，一定会开启下意识的自我保护机制，就是奋起反抗。

运用三明治理论，你就可以这样说：

"小刘，你表现得一向不错，热情、努力，客户给的评价也不错，可是因为时间规划不合理，加上意外的因素，导致这次出错了。如果你多给自己一点儿预留时间，是不是会更完善呢？加油吧，我看好你。因为你是我们重点培养的对象，所以我才对你要求严格。"

你看一下区别，同样一段话，可想而知后一种说话效果会更好。这就是三明治理论的应用，先肯定和表扬，后面是具体意见和改正方法，最后是希望和鼓励。

如果是你，更愿意接受怎样的批评和沟通方式呢？

一个是被全盘否定，一个是被积极肯定。前者会衍生出领导对我失望的想法，进而出现自己或抱怨或放弃的结果；后者会让自己心中充满惭愧并立志做得更好。

人在犯了错误的时候，大多是心存愧疚的，所以当你批评教育别人的时候，早就掉进了他事先准备好的防御系统里。但是如果你改道，用三明治理论，就会有意想不到的效果。对方用不上准备好的对抗和解释狡辩系统，会心悦诚服地接受批评并改正错误。

2. 慎用反驳的方式讲话。生活中有些人总喜欢用否定的方式讲话，即说话前先否定别人的话语，这易让人产生反感。

例：

"哎，你看，黄姐今天的衣服颜色真好看。"

"我可不觉得，难看死了，和她偏黄的皮肤衬在一起像是生病了，感觉特别糟糕。"

要是你，听了这话会感觉舒服吗？就算对方是家人朋友，关系再亲密，你也会不开心吧。

第一，被直接反驳、否定，每个人都会不舒服。

第二，背后说的话很可能传到当事人那里，你一下得罪了两个人。

如果换一种方式：

"我也觉得，特好看，但是我更喜欢黄姐昨天的紫色连衣裙，显得她皮肤白，而且特别高贵神秘呢。比今天的适合她。"

大家看出门道了吧，这也是三明治理论的应用。我先肯定你评价衣服好看的看法，再把我自己的意见夹在中间，并没有完全随声附和，最后也说出了这件衣服其实不适合她的观点。

这样不但和你对话的人不会尴尬，而且就算这段对话被当事人听到，当事人也不会不舒服。

心理学里还有一个"喜好效应"，说的就是用爱说话，用容易让别人产生好感的话，甚至赞美、理解、尊敬来打开对方的心门，让沟通舒畅地进行。

人们总是能够接受自己喜欢或者与自己相似的人提出的要求或者建议，所以，生活中我们要学会投人所好，包括知晓对方的穿着打扮、言谈举止、兴趣爱好等，同时要给予对方适当的赞美。人与人之间的沟通，在最初的几分钟内很难产生共鸣，所以当我们试图说服他人或有求于他人时，最好不要太早暴露自己的意图，不妨先投其所好，而后再施以影响。

当然两次表扬中间夹一个建议，其实目的是批评和希望对方改变，只不过它还能彰显你的真诚，让赞美不那么浮夸，让人觉得你是真的希望他完美，是用爱在说话。

你只要牢记，让对方感受到爱，沟通就不会失败。还有，三明治效应和喜好效应，一定要举一反三，多联系应用。

今日作业

　　试试用三明治效应来和你的伴侣或者孩子进行一次沟通吧。

北辰箴言

　　没有人有义务原谅你的坏脾气，也没有人愿意为你的低情商买单，何况，有时候坏脾气和低情商就像一对孪生兄弟，它们都是不善良的后代。

第三章

成长篇

提升幸福力

改变你一生的 30 个心理学效应

墨菲定律：

你越不想发生的事，往往越会发生

心理学关键词：墨菲定律

1949 年，一位名叫爱德华 · 墨菲的空军上尉工程师，对他的某位运气不太好的同事随口开了句玩笑："如果一件事有可能被弄糟，让他去做就一定会更糟。"

一句本无恶意的玩笑话最初并没有什么太深的含义，他只是说出了坏运气带给人的无奈。或许是这世界不走运的人太多，或许是人们总会犯这样那样的错误，这句话迅速扩散，最后竟然演绎成"如果坏事情有可能发生，不管这种可能性有多小，它总会发生，并引起最大可能的损失"；"如果一件事情有可能被弄糟，让他去做就一定会更糟"；"会出错的，终将会出错"等。

　　下面将分享生活中的几件怪事，你应该经常遇到，并且印象应该非常深刻。

　　在人多的时候，你会非常害怕自己被别人过分关注，害怕自己成为议论的焦点。比如被提问，你越是准备不足，越是很容易被选中。于是，你就会开始害怕在公众场合活动。

　　过马路是一件非常普通的事情，当你有急事要做的时候，本想着能够碰到绿灯，却发现自己总是遇到红灯，不得不耽误一些时间。这种情况下，你会觉得等红灯的时间异常漫长。

　　在外出旅游之前，你明明已经准备好了各种物品，并且清点完毕，但刚出门，总会发现有些东西忘记带上了。有时候离家不远，你还不得不回家重新带上，可恶的是，居然还找不到。

等公交也是一件令人非常苦恼的事情。你在公交车站等了很长时间，其他车辆已经到站，自己要乘坐的那一路公交却没有来。等到那一路车终于来了，令人意外的是，同一时间来了好几辆。

吃烧烤是许多人生活的一部分，很多人乐此不疲。不过烧烤有一个很大的问题，就是烟太重了，更气的是，无论你站在哪里，烟总会习惯性地往你所在的方向飘，这是非常奇怪的事情。

穿新买来的衣服是很开心的事情，但新买的衣服有一个特点，就是更容易被弄脏，无论你怎样保护，该来的总会来，让人非常苦恼。

以上这些事情，在我们的生活中并不少见，而且肯定发生过不止一次。这是心理在作祟。墨菲定律是在告诉我们，很多事情我们是不能避免的，因为它们发生的条件非常容易达成，只要时间允许，它们总会发生，很难被阻止。

你所担心的事大多会发生。

你可能有过这样的经历：

起床晚了，担心上班迟到，结果还全遇到红灯；担心客户不好对付，对谈判没信心，结果果真失败；孩子回来晚了，不是被老师留学校了，就是和同学打架了，结果也大多是这样。

那你有没有发现，这其中暗藏一个规律：你用足了力量去担心的事大多会发生！

这绝不是宿命和概率问题，是科学。心理学早就告诉我们其中的奥秘了。

墨菲定律指的是，不要存在侥幸心理，你担心的事情一定会发生。

我们再回过头来看一下，其实我们所有的担心都是因为此前已经有漏洞或者隐患在，所以我们的担心等于负面能量的心理暗示。

上班迟到，不是红灯的错，其实在于你起床晚了！

谈判失败，不是客户的错，是你根本准备不足！

孩子的事，不是孩子的错，是你平时的教育出了问题！

所以追根溯源你会发现，这些不好的事件的发生，大多有早就潜伏的原因。正因为你早就知道了隐患，所以担心，甚至以往有过类似的失败范本，你才更加担心。但是这样的担心毫无意义，除了促成噩梦成真的可能，别无他用。

担心并不能阻止坏事的发生，只能起到加速的作用。

真正解决问题的不是思虑，是行动，是从错误中吸取教训。

每个人都会犯错，而且无时无刻不在犯错，所以我们必须正视错误、面对错误，光害怕是没有用的。

比如我们投资股票的时候，发现这个公司哪里都好，就是隐约觉得利润似乎有点儿不可持续，通常情况下，这种事情都会发生，几年后利润就会下降。反过来，我们做波段，本来是想赚个差价，最担心的就是一卖它就涨，而通常结果也是卖飞了。这就是墨菲定律在起作用。

这一点相信大家都深有体会。比如你做股票模拟交易的时候，几乎总是赚钱，买完了往往就扔在那里了，甚至连这回事都忘了，也从不担心亏损，但结果往往是赚大钱；而一旦投入真金白银就开始患得患失，那些不好的事情也就都出现了。

当你过度忧患，并且担心，即开始积累负面能量，所担心的事情发生就成了大概率事件，而且因为消极和忧虑，可能会导致恶性循环，心态失衡，反而影响判断，草率行事。

成年人的世界对错本就不重要，你的方法对了，错误的事也会变成正确的，而方法错了心态崩了，正确的事也会变成错误的。

你赶着去参加重要会议时，却发现出租车不是有客就是不搭理你；而平常不需要出租车时，大街上又到处跑着空车。

一个月前不小心打碎了浴室的镜子，仔细检查和冲刷后也不敢光着脚走路，等过了一段时间确定没有危险了，不幸的事照样发生，你还是被碎玻璃扎了脚。

墨菲定律告诉我们：容易犯错误是人类与生俱来的弱点，不论科技多发达，犯错都会发生。所以，我们在事前应该尽可能地想得周到、全面一些，如果真的发生不幸或者损失，就笑着应对吧，关键在于总结所犯的错误的原因，而不是企图掩盖它。

负能量导致负面结局：

担心、恐惧、焦虑本身就是一种强大的负能量，如果做一件事情之前，就有坏的结局设想，那么就等于下意识中，你期待"一个坏的结果"发生。因为那件事如果不发生，你的坏情绪将一直持续下去，所以，唯一结束这种情绪的方式，就是它真的发生了。

再比如，你刚买了一部新手机，生怕别人知道也生怕丢失，所以你每隔一段时间就会用手摸裤兜，去查看手机是不是还在。正是因为你频繁的焦虑型查看行为、规律性动作，反而引起了小偷的注意，最终手机被小偷偷走了。

如果说小偷是负面人物，他拥有无比强大的负面能量，那么你的担心和焦虑、慌乱和惶恐，就会吸引同频的他注意，负负得正，偷手机这件事他多半就会做成了。

墨菲定律的内容并不复杂，道理也不深奥，关键在于它揭示了在安全管理中人们为什么不能忽视小概率事件的科学道理。概率在起作用，如老话说的"上的山多终遇虎"。如彩票，连着几期没大奖，最后必定滚出一个千万大奖来；灾祸发生的概率虽然也很小，但疏忽累积到一定程度，也会从最薄弱的环节爆发。所以关键是你平时要清扫死角，消除不安全隐患，降低事故概率。怕什么来什么，你闭着眼睛撞树，是不行的。

由于小概率事件在一次实验或活动中发生的可能性很小，因此就给人们一种错误的理解，即在一次活动中小概率事件不会发生。与事实相反，由于这种错觉麻痹了人们的安全意识，加大了事故发生的可能性，其结果是事故可能频繁发生。

如何防止墨菲定律的负面作用？

不过你也不需要太过着急，墨菲定律只是一种心理现象，其根本原因是个体潜意识在作怪。因为当你对某件事情过分关注时，就会形成一种心理暗示，当这件事情真正发生的时候，其影响程度就会被放大，导致你此时的反应比平时更加激烈。

我们只要对自己有足够的信心，同时以一种正常的心态去对待这些事情，当它们发生的时候，主动采取措施补救，这样才能够最大限度地降低墨菲定律对我们的影响。

1. 积极应对，正面暗示，给自己能量

我们上台发言感到紧张的时候、对即将参与的事情感到害怕的时候，要学会给自己积极的心理暗示："我能行！""我可以的！"正念的力量不容小觑，可以瞬间给你信心，让你安稳。

一瞬间，你似乎真的自信勇敢了很多，敢于面对挑战了。

就像积极心理暗示的影响一样，消极心理暗示同样有作用，特别是在自己对事情没有把握的情况下，自我暗示就更加强烈，导致事情更容易出错。

所以，放宽心态很重要。

2. 一颗红心，两手准备，提前做好功课

当我们担心一件事的时候，可以做好最坏的打算，但不要想太多。我还清晰地记得，当年参加高考的时候考场两侧的八个大字：一颗红心，两手准备！

其实这就是告诉我们，因为有了积极的备战，充分仔细，所以才会胸有成竹，而尽力后，相应的结果是自然到来的。我们不必过于担心，做好眼下的一切就好了。

当你懂得了墨菲定律的作用，就能更好地意识到和控制自己的想法和行为。对可能发生的事先做好充足的准备，也不失为一种好方法。

3. 拒绝侥幸，放下焦虑，专注执行

侥幸心理，其实是墨菲定律对人类的惩罚，因为你明知道有问题，却没有阻止；你明明有陋习，却没有改正。以侥幸心理面对事情结局大多会告诉你，你没有那么幸运。所谓的幸运其实是努力带来的，不是运气。

所以当你放下赌徒心态，踏踏实实地做足功课，填补所有漏洞时，就不会焦虑。

你把努力放在事前的准备功夫上，执行的时候心无旁骛，只按照以往的经验做就好。

提前备战，专注当下，不预设结局，因为一切会顺理成章地发生。

今日作业

找出一件你平时不太敢尝试、明知道对你有益的事情，用正念鼓励一次，突破一下。

北辰箴言

世间之事，大多公平，惩罚该惩罚的，奖赏该奖赏的，万事必有因，有因必有果。你的担心只有反面能量，从而促使恶果的到来。

因果定律：

对自己投资是回报率最高的理财方式

心理学关键词：因果定律

因果定律是指，任何事情的发生都有其必然的原因。有因才有果，换句话说，当你看到任何现象的时候，不用觉得不可理解或者奇怪，因为任何事情的发生都必有其原因。事物如今的结果全是过去的原因导致的。因果定律以最简单的形式告诉人们，如果生活中你为自己设定了想要得到的结果，就需要追溯前人，看一看那些得到这个结果的人是怎么做的，并为这个结果不停地努力付出。如果你能够做和成功人士一样多的事情，获得的结果也将和他们一样多。这不是奇迹，而是一个很自然的规律。

爱自己，就给自己增值

我们来聊聊自我投资这个话题。我做心理情感节目很多年，近两年发现了一个特别有趣，但是也细思极恐的现象，就是原来女性占主题的热线数量明显减少了，男性抱怨和倾诉的增多了。要知道我可是多少年来都被冠为"妇女之友"啊。这说明什么呢？更多的女人注重学习、成长、进步和觉醒，而男人们忙着抓经济建设、投资理财，除了赚钱，忽视了自我其他方面的投资，情商、爱商、逆商，通通整体下降。

听友老罗是一个企业高层，过去的日子里过得水深火热，用他的三句话概括就是：白天单位焦头烂额，晚上应酬迫不得已，回到家里鸡飞狗跳。爱人不理解他的工作。她是全职太太，因为老罗收入稳定，她很多年前就索性辞去工作，在家待着，每天除了逛街几乎就一件事：看着他！把他看得死死的，老罗每到一处，必须报备。可是你知道男人有时候就是这样，累到不行，偏偏回家还不得消停，他出轨了——外面有新鲜空气啊。他老婆绝望，和他"厮杀"，一阵"枪林弹雨"之后，女方找到了我，我让她加入读书会、礼仪训练营，先忽略老罗，成功地转移了注意力之后，把精力和时间都用在了自我建设上。有意思的是，这回老罗紧张了，不但主动断了和"小三"的联系，还担心起老婆了，认为是不是她有情况了。老罗来找我咨询，问："你知不知道我老婆最近的动向？她是不是有外遇了？她再也不看着我了，啥也不管了。"

我很正式地告诉他，他老婆的外遇叫：自我投资！

自我投资就意味着让自己增值，让自己更值钱。你看，这也迎合了我们第一课讲的内容，自我定价高，你就变得有价值。

上述例子中，女人过去把精力和时间都花在了抱怨、牵制、怀疑上，收到的同样是负能量的结果。

女人现在把精力和时间花在了自我投资上，自己越来越好，对方反而开始反省了。

在处理家庭问题上有一个法宝：要改变别人的人是神经病，改变自己的人才是神。

自我投资是为了实现自己更大的价值而提前做的投入。正因为你自己以前种下了因，所以才有今天的果。这也是因果定律给我们的启示。

那自我投资有哪些方式呢？在这里我就和大家分享一下。

方法一：要投资做一个有用的人。

女人千万别相信"我负责赚钱养家，你负责貌美如花"这样的鬼话，就算当初说这话时他是真心的，但是养着养着，你怎么都长得不如人家二十岁的人。所以女人轻易不要不工作，工作的目的真的不仅仅是赚钱，是让自己不落伍、不贬值、不脱节。在业务技能上加大学习力度，进一步提升你的专业能力和素养，使你做一个对其他人、对集体很重要的人。

方法二：要投资一个有趣的灵魂。

女人要提升自己在兴趣爱好上的投入，把兴趣爱好提升到一定水平，让自己变得有趣、生动，这样你的世界会不一样，至少你不会对家里的另一半死缠烂打，你有你的快乐源泉。这个世界上最高级的快乐是自己产出的，不是从别人那里被动获得的。

方法三：投资一个有消费实力的自己。

提升自己的消费水平，这样你既可以放松自己也可以增强自己挣钱的动力。记住，别太节省，你没听说过因为老婆太省钱，老公要离婚的故事吗？记住，钱是用来花的，不花出去的都不是钱，能花的女人最能挣！

以上是几个重点方面的方法，其实做一个全面系统的自我投资体系，没那么简单。投资自己，它会让你在任何场合都大放异彩。在我看来，最优秀的人，就是无论出现在哪里，永远不会被忽视。

自我投资要从改变心态、培养性格、陶冶情操、增加社会交际、自我激励、终身学习、磨练意志、提高演讲和说话能力、打造形象等方面深入展开。

自我投资的内容很宽泛，我们重点说几个：

1. 投资说话：能让你做事事半功倍，快速获得别人的好感。

说话是一门无与伦比的艺术。谈吐体现人的修养，演讲是推销自己的最好方式。

我有一次和几个东北老乡去河南，问个路，一个哥们儿找到一个男的："哎，那啥，二七纪念塔在哪儿啊？"人家没搭理他就走了。

我过去找了一个大姐："美女您好，我们第一次来河南，特别喜欢二七纪念塔，想去看看，请问怎么走？"

大姐笑得跟朵花一样："哎呀，正好我也去那边，就不远了，跟我走。"她边走边讲，我们连导游都有了。

差异怎么这么大？这就是说话的魅力。

其实说话就是情商和修为的体现，礼貌、尊重、普通话标准、安全感，都在话里面了。

2. 投资社交：帮你完成很多金钱不能完成的事情。

多麻烦别人。这和我们的传统观点背道而驰是吧？因为我们从小就被要求自己的事情自己做，少麻烦别人，但是在成年人的世界里，记住一个铁律：比起你从未开过口求助的人，帮助过你一次的人，更愿意帮你第二次。

你在麻烦别人的同时，必定也要具有随时愿意帮助别人的心态。不信你仔细回想一下，你不愿意求人，是真的怕麻烦别人，还是怕欠人情，怕别人反过来麻烦你？

成年后，我们不是独自生存的，必须依存在社会关系中。你的社会支持系统就是互相麻烦带来的，大家你来我往，才是朋友，互相不麻烦，也就少了联系，关系也就淡了、远了。

如不相互亏欠，哪来藕断丝连？

不信你看看你的朋友圈，那些你从来不麻烦、也不麻烦你的人是不是都慢慢淡出了你的生活？你甚至忘记了对方，就算你通过朋友圈了解他的现状，最多也就是"点赞之交"了。

3. 投资教育：读书一定是成本最低、受益最大的投资。

读书的作用其实不用我多说了，但是我们在要求孩子读书的时候都不遗余力，对自己而言，你有多久没读书了？其实除了明显是错误的、不健康的书籍，只要是合法出版物，无论什么书，大多数是值得一读的。这里面我想强调两点：第一，也许书的内容没那么重要，就算不是知识性的书籍，至少可以帮助你养成阅读兴趣和习惯，所以你不要觉得读闲书就没用，它可以增加你的幸福感、体验感；第二，任何纸质书都是有能量的，否则书香门第怎么来的？书卷气怎么来的？一句话，图书馆和书店这两个地方，就算你没书可看，每天去走一圈，你的气质都会不一样。所以，拿起书来，去里面发现不一样的你。

4. 投资感情：感情是我们渴望一辈子的长线投资。

最后我还想讲一个小故事：有一次一个女听友打电话给我讲了一个很感人的故事。她一直以为丈夫不爱他，两人结婚二十多年，她任劳任怨，家里家外打理得很好。丈夫工作忙，也不善言辞，邻里纠纷、家庭琐事、孩子的教育，几乎指不上他。她说自己为这个家真的付出太多了，甚至一度有过离婚的念头。可是她想想这个男人也没什么大缺点，甚至周围的亲友都说他好，两人也就这么多年挺过来了。直到去年，她突然因为腰椎病，几乎半年下不了床。她想：完了。可万万没想到，平时视工作如生命的老公，居然二话没说把工作辞了，回家寸步不离地照顾她，学着妻子平时的样子收拾家里，做饭洗衣。女人说自己永远忘不了老公辞职回家那天，她抱怨他怎么不和自己商量，他说："这有啥商量的，我是爱工作，但是和工作比，更爱你。"

你看，故事温暖吧，催泪吧？故事开始你以为这是一个一直没有收获的女人对感情的投资，其实她只是以另外的方式，在另外的场合、时间下，集中收获了。

今日作业

　　现在开始，为自己制订一项自我投资计划，并量化时间和效果。开始行动吧。

北辰箴言

　　这个世界没有无缘无故的事情，爱恨皆如此。投资定有回报，如果没有，方向错了。

蝴蝶效应：

成功需要很长时间的努力，失败却只需要懈怠一瞬间

心理学关键词：蝴蝶效应

20 世纪 70 年代，美国一个名叫罗伦兹的气象学家在解释空气系统理论时说，亚马孙雨林里一只蝴蝶的翅膀偶尔振动，两周后就会在美国得克萨斯州引起一场龙卷风。

原因在于：蝴蝶翅膀的运动，导致其身边的空气系统发生变化，并产生微弱的气流，而微弱气流的产生又会引起它四周的空气或其他系统产生相应的变化，由此引起连锁反应，最终导致其他系统的极大变化。

蝴蝶效应，指在一个动力系统中，初始条件下微小的变化能带动整个系统长期的、巨大的连锁反应。一个微小的变化能影响事物的长期发展。

你忽略的可能造成灾难

我们先来听一个故事：

有一天老张早上起床刷牙时，把他的手表放在了洗手池边上。

他的老婆怕手表被水淋湿了，就把手表放在餐桌上。

儿子起床去餐桌上拿面包时，不小心把手表碰到了地上，手表摔坏了。

老张很喜欢这块手表，结果一看手表摔坏了，很生气，就打了儿子一顿，还骂了老婆一通。老婆不服气，他俩大吵了一架，一气之下，老张摔门而出，直接开车去了公司。

快到公司时，他发现忘记带公文包，里面有今天要跟客户提交的非常重要的文案。

于是他赶紧回家去取公文包，结果老婆不在家，而他的钥匙也忘在了家里。

老张只好心急火燎地打电话让老婆回来开门。

老婆急急忙忙地赶回家，因为太着急，走台阶时不小心把脚扭伤了。

老婆一路打车把钥匙送回来后，老张已经迟到了，客户已经先走了。

公司老板打电话狠狠地批评了老张，并且扣除了他所有的年终奖。

老婆的脚受伤了，他不得不跟公司请假带老婆去医院治疗，结果全勤奖也泡汤了。

儿子今天要考试，因为早上被打了一顿，一天心情都不好，试卷没怎么写就交了。

学校老师打电话叫老张去谈话。老张又要去医院照顾妻子，又要去学校跟老师谈话，还要写检讨书给公司老板道歉。

其实整个事情，手表被摔坏只带来了10%的损失，但因为这10%的损失不断地被他们的情绪放大，最后给他们造成了90%的损失！

这就是蝴蝶效应的杀伤力。

这就是我们大多数人每天的常态，听到这里你应该会倒吸一口凉气吧。

导致蝴蝶效应产生的真相是，没有不好的事，只有不好的解释。

事情本身伤不到你，你对事情的看法会伤到你！

我再讲一个让你震惊的故事：

德国有一个著名的作家曾经写过这样一个故事，是关于他和他儿子的。

他说有一段时间，他特别烦躁、焦虑，感觉什么事都不顺心，生活一塌糊涂。有一次他儿子考试回来，把卷子给他看了一下，考试没及格，他当时气得就想打他儿子一顿，但是因为忙着出去，所以瞪了他儿子一眼就走了。第二天，他无意中看到了他儿子写的日记。

日记是这么写的："昨天我考试没及格，回家时很害怕爸爸会打我，结果爸爸没有打我，还很慈祥地看了我一眼，真开心我有个好爸爸。"

这个作家直接傻了，又往前翻儿子的日记，同时把自己写的日记也找了出来。

儿子有一篇日记写的是："今天外面下着蒙蒙细雨，简直太美了。"

他又去看自己同一天写的日记，自己写的是："今天是什么鬼天气，老是下雨，简直烦透了。"

他又往前翻，有一篇，儿子写的是："隔壁汤姆叔叔拉的小提琴真好听，音乐太美妙了。"

他又看自己同一天写的："这个该死的汤姆，拉的什么破小提琴，简直太难听了，今天真是烦透了。"

他忽然间明白了，他的生活中遭遇的所有不顺心，源于他对任何小事都会产生负面情绪，从而产生了蝴蝶效应，导致其他事也变得糟糕。

蝴蝶效应无处不在！

被科学家用来形象说明混沌理论的蝴蝶效应，的确存在于我们人生历程中的各个角落：

一次大胆的尝试、一个灿烂的微笑、一个习惯性的动作、一种积极的态度、一次真诚的服务，都可以触发生命中意想不到的起点，它能带来的远远不止一点点快乐和表面上的回报。

蝴蝶效应也存在于我们的组织与社会的各个角落：

一个坏的微小的机制，如果不及时加以引导、调节，会给社会带来非常大的危害，被戏称为"龙卷风"或"风暴"；一个好的微小的机制，只要正确指引，经过一段时间的努力，将会产生轰动效应，或被称为"革命"。

蝴蝶效应指一件事情的毫无关系、非常微小的改变，可能对事情带来巨大的改变。此效应说明，事物发展的结果，对初始条件具有极为敏感的依赖性，初始条件的极小偏差，将会引起结果的极大差异。

我们总会后悔在房价低的时候没有买房子，后悔年轻的时候没有珍惜身体健康，后悔错过了绝佳的选择，后悔伤害了那些最亲的人，后悔该做的事情没有做。如果世上真有后悔药，你会吃吗？吃了事情会有改变吗？也许你什么都不能改变。冥冥中一切自有安排，当下就是最好的安排。

人生的每一步都算数。你之所以成为现在的你，正是无数个过往的累加，开心的不开心的、后悔的英明的、正的负的，都在其中。

那怎么才能通过蝴蝶效应，把事情的发展导向好的方向呢？

1. 做好你能做的所有细节：微小的动作，能改变我们的一生！

亨利·福特，福特汽车公司的创始人。他从大学毕业后，去汽车公司应聘，一同应聘的几个人学历都比他高，但是唯独他被录用了。因为在走进董事长的办公室时，他把地上的一张废纸扔进了垃圾篓。福特的这个不经意的动作，使他迅速开始了自己的辉煌之路，也使得福特汽车闻名全世界。其实这些看似偶然的事情，实则必然。

著名心理学家、哲学家威廉·詹姆士说过："播下一个行动，你将收获一种习惯；播下一种习惯，你将收获一种性格；播下一种性格，你将收获一种命运。"

2. 只做最重要的事情：分析事情归属，调整重心。

我们每个人每天遇到的所有事情，基本上可以分为三种：自己的事、别人的事、老天爷的事！

比如，你需要去提交一个策划案，那就是你自己的事。

比如，同事李姐的丈夫出轨，那就是别人的事。

比如，大街上到处在谈论的世界末日，这就是老天爷的事。

人所有的烦恼都在于：不去做自己的事，总爱管别人的事，然后天天操心老天爷的事。你真正要做的是：做好自己的事，少管别人的事，接受老天爷的事。

如果你明白了这个道理，那你今天只需要做一件事：写好你的策划案。

3. 只做你能控制的事：接受并认同结果，不纠结过往，不空想未来。

比如你需要紧急出差和客户签一个合同，尽管拼命赶时间，还是错过了航班。那么你能控制的就是接受错过航班的现实，并且马上想办法改签，和客户做好沟通。

我们很多时候是在责怪自己怎么会迟到，如果这样，如果那样，如果不这样，会不会……

还有，客户会怎么看我，老板会怎么看我，会有多大的麻烦、损失，万一……

考虑这些不是没有价值，而是此时这些想法只会增加你的焦虑和烦恼，而对事情本身毫无益处，也就是非你可以改变和控制的。

所以，这些烦恼，毫无意义。对所有你不能控制的事，你只能做四件事：接受它，面对它，解决它，放下它！

4. 降低期望值：你所有的痛苦和烦恼，都是你的期望落空导致的。

举个例子：恋爱时，他温柔体贴，那么你觉得这个男人应该会一直对你特别好，关心你，照顾你，帮你做家务，按时回家。明明说好了他负责赚钱养家，你负责貌美如花。结果婚后你发现这个男人回家就玩手机，还经常出去喝酒聚会，甚至彻夜不归！最主要的是，他还花着你的钱，自己不求上进，收入可怜！！

你就会痛苦了，觉得这个男人当初骗了你，对吧？这就叫期望落空。期望落空的本质：你认为一切问题是别人造成的，认为全世界都辜负了你，都是别人伤害了你，这时你就陷入了被害者思维，所以你会痛苦、烦恼、暴躁。如果换一种思维，你认为你老公现在这样对你，根本不全是他的错，你也有很大责任，你就从被害者思维转到了责任者思维，痛苦就不会那么强烈了。

为什么自己有责任？很简单，当初因为他很好你才嫁给他的吧？那怎么他和你过日子他就变不好了呢？都说女人是学校，那么你没调教好，难道没责任吗？

你可能会说自己遇到了渣男，那么不还是怪你自己雾里看花，没有选清楚吗？

所以，每一件事情造成的结果，都是你反思自己的好机会。好事能让你学到东西，坏事也能。

今日作业

列举一个自己生活中的与蝴蝶效应有关的负面案例，想想情景再现重来一次后，你会怎么做。

北辰箴言

有的时候，导致负面结果的，不是事情的难易程度，也不是你的错误做法，是你看待事情本身的情绪和态度，这是决定性因素。

共生效应：

圈子和层级决定你长成什么样子，能走多远

心理学关键词：共生效应

> 自然界有这样一种现象：当一株植物单独生长时，显得矮小、单调，而与众多同类植物一起生长时，则根深叶茂，生机盎然。人们把植物界中这种相互影响、相互促进的现象，称为"共生效应"。任何关系，良性循环都是共生关系，和什么人在一起，你最终也会成为什么人。

我们都在婚礼上看到过感动人心的一幕，在双方的爱的誓言里，一定有"执子之手，与子偕老"之类的句子。亲密关系

长大后，我就成了你

就是两个人牵手同行一段路，如果不同步同频，牵着手的状态就难以为继了。这一点我们在自我成长里也提到过。

其实不仅仅是婚姻中的亲密爱人，就连朋友、事业合作伙伴，甚至亲人间也都一样。

比如"同学"这个一听起来就很温暖的称谓，也许曾经都有满满的青涩回忆，很美好，但是那仅限于回忆，事实上呢？你们毕业后各奔东西，疏于联络，一个往东，一个往西，有的做了大学教授，有的当了家庭主妇，有了完全不同的成长路径，甚至完全不同的思维观念，除了在同学聚会上难得一见地客套寒暄，有的也只有回忆了。所以，曾经的同学现在大多做不了朋友了，因为生活完全不同步、不同频。

所以我们经常看到有关某人退出同学群，某人拉黑了很多朋友之类的文章。

亲人间也是一样，想要持久的亲密关系，单靠血缘关系维系，也是表象和苍白的，不是最高阶的关系。

同步，不一定是你干吗我一定也在干吗，你可以不反对、不诋毁，可以陪伴和理解。

同频，不一定是你走几步我就一定走几步，但是你至少不会被拉得太远，别拖后腿。

案例：

听友丽娜有两个哥哥，她直言不讳地说和二哥关系更好，两人几乎每周都要见面，来往互动频繁，和大哥之间，一般就过年见一面。不是地域关系，两人在一座城市里，只是大哥从小就顽皮，打架、爆粗口、退学、下岗、离婚，现在打零工度日，平时看不到人，父母生病也不在场，很少打电话，打了也基本是问她和二哥借钱。

二哥是中小企业的管理者，丽娜自己下海创业，两人都一直在为事业打拼，平时二哥经常给丽娜一些管理方面的建议，丽娜也会把自己私企的先进模式给二哥参考，两人的联系自然就紧密，也促进了家人甚至下一代的关联。他们两家人经常一起出游，亲如一家。

这样的场景你也许亲身经历或遇到过。一奶同胞，亲疏程度却不尽相同，这很正常。

在单位里也一样，和大家不同步、同频的员工，会慢慢被甩掉；朋友圈里，不同步、同频的人会被踢出局。

有一句名言："和狼生活在一起，你只能学会嗥叫；和那些优秀的人接触，你就会受到良好的影响。"因此，多与优秀的人交往，多受他们的影响，能让你变得更优秀。如果你已经很优秀了，再与优秀的人交往，那么你们就能产生共生效应，取得更好的成就。

我们来说说神奇的同频共振。

同频共振，多用于思想、意识、行为等方面协同统一，含义是同样频率的东西会共振、共鸣或走到一起，引申意思往往指思想、意识、言论、精神状态等方面的共鸣或协同。

同频共振，其实在日常生活中一直存在着，只是很少被人注意。

拿男女之间相亲这个话题来讲也是这样，当两个人第一次见面的时候，打开话匣子开始聊天，一旦拥有共同话题，也许计划只是聊半小时最终可能会达两小时，甚至最后还有可能一起吃饭。

这就说明双方同频之后产生了共振，其结果超出了彼此对相亲的预期。当然假如后面还能持续这样下去，两人还会擦出火花，最终走向婚姻的殿堂。

其实这里面也包含我们经常提到的磁场，当两人同频时，就会产生共振，磁场就自然地融合到一起。有些人你说不出哪里好，但让你很舒服，其实就因为你们是一类人，是在一个层次和频率了。

方法论：那么问题来了，两人如何在亲密关系中保持同频同步？

1. 结果导向一致：这是最重要的，也就是目标一致。夫妻心不在一起，怎么可能同步？你想把日子过好，她盼着早点儿离婚，那就完全不在一个步调上；我一心在大城市打拼，你总想着回归田园，那怎么同频？所以你发现了，"三观"的趋同或者至少有一方愿意协同，这很重要。两人要梳理出一个相对和谐的目标，大的方向一致，才能决定我们是否能走同样的路。

2. 求大同存小异：任何关系的主体都不可能永远和谐和同步，所以懂得和体恤很重要。两个人在一起，走得快的人要适当地停下来等待和引领走得慢的人，走得慢的人要自知并及时赶上，当不耽误前进的问题出现时，可以边走边解决，不要停下来吵架，甚至想法南辕北辙。这里我举刚才的丽娜的案例。在修复她和大哥的关系时，我们唤醒了他们的亲情感，因为他们是爱着彼此的，只是大哥不懂得自己前进的方法，散漫惯了，丽娜又对他不屑一顾，有些排斥他。彼此深层次沟通理解后，丽娜给了大哥一些建议，给了他自己公司的一些业务，并介绍些客户给他，告诉他如何去拓展、维护业务，慢慢地，大哥就走向了正轨。而因为有了关联，大哥也经常和丽娜探讨一些经营方法，并且一起拜访客户，走动就多了起来。现在兄妹之间的互动很多，关系也得以修复。

3. 尊重你的不一样：人在学历、学识、观念、行为上不可能完全相同，这一点尤其在亲密关系中表现明显。各自都有在二十多年的原生家庭中养成的习惯，在一起生活、一起同行的时候一定会出现很多不同言行，想要同步同频，绝对不是完全把对方变成你的样子。比如你周末要逛商场，他如果不想去，你就觉得两人没共同爱好、不同频；比如你要去看画展，她要去听音乐会，你们又争执不休。切勿狭隘地理解同步同频，刚才我们也提到了，同步同频并不是同样的时间你们一定在做同样的事情。比如，周末两人一起吃个早餐，然后愉快地亲吻道别，上午你去逛商场，他去打篮球，下午你去看画展，他去听音乐会。在晚餐时，你们一起分享一下今天各自的收获，用心去聆听对方的话，尊重对方的感受，这难道不是一种和谐的同步吗？所以，你可以不喜欢，但是不要轻易反对。

正如《刺猬的优雅》里说的那样：

我们都是孤独的刺猬，只有频率相同的人，才能看见彼此内心深处不为人知的优雅。

人和人之间一定存在磁场这个东西，它虽然看不见，摸不着，却会不断向外传递你的"三观"和喜好。频率相同、"三观"一致的人会自动靠拢。

今日作业

尝试着给自己的一段关系做一个同频规划吧，规范一下节奏，策划一下方向，有时候停下来统一步伐，比莽撞前进要好得多。

北辰箴言

　　"两人三足"是最典型的要求同步同频的游戏，两人目标一致，路径一致。请记住，喊着口号协同作战，无论是任何关系的人，都会到达你们想要去的远方。

凡勃伦效应：

自我控股，给自己的人生标价

心理学关键词：凡勃伦效应

凡勃伦效应是指消费者对一种商品需求的程度因其标价较高而不是较低而增加。它反映了人们进行挥霍性消费的心理愿望。商品价格越高，消费者反而越愿意购买的消费现象，最早由美国经济学家凡勃伦注意到，因此被命名为凡勃伦效应。

凡勃伦效应：一些商品价格定得越高，越能受到消费者的青睐。

大家听一个故事：

"你的定价是多少？"

禅师想启发学生，于是给了他一块又大又美的石头，让他去菜市场卖掉，并告诉他："只是观察大家的表情，不要真的卖掉石头，回来告诉我他们出的价。"

徒弟回来说："菜市场里很多人看这块石头，想着可以给孩子玩，愿意买。甚至有的人说能当秤砣，愿意出几个铜板。"

师父说："现在你去黄金市场，同样不要卖掉它，光听听问价。"

从黄金市场回来，这个徒弟很高兴，说："这些人太棒了，乐意出到1000块钱。"

师父说："现在你去珠宝市场那儿，低于50万不要卖掉。"

珠宝商从5万出到30万，他一直没卖，最后50万卖掉了这块石头。

他回来后，师父说："如果你不要更高的价钱，就永远不会得到更高的价钱。"

我们经常在生活中看到这样的情景：款式、皮质差不多的一双皮鞋，在普通的鞋店卖180元，进入大商场的柜台，就要卖到810元，却总有人愿意买810元的。很多名店里的奢侈品，往往也能在市场上走俏。

其实，消费者购买这类商品的目的并不仅仅是获得直接的物质满足和享受，更大程度上是为了获得心理上的满足。其实这说明了自我标价的重要性，也就是你需要给自己的人生标价，而且标价越高，越容易激励自己，同时越容易实现人生价值。

我们先来说说什么叫自我控股。自我，很容易理解，就是你自己；控是掌控和控制；股，是股份和权益比重。

这是我原创的概念。在人生的所有阶段、所有事件和关系中，我希望你是拥有控股权的，不是被动的、妥协的、被操控的。这个理念要述说的道理显而易见，是让你过属于自己的人生。

比如在学习阶段，你能清楚地知道自己要选择的专业；在婚姻里，你不会丢失自己；在社交中，你不用讨好他人；那么你的人生是你自己拥有控股权和话语权，暮年回首，你才不至于抱憾终生。

所谓成功的人生，不是你拥有多少财富和多高的地位，而是离开这个世界的时候，你了无牵挂，没有遗憾，该做的事情都做了，所有的荣辱都是自己的决定，没有被牵制和左右。

那么要做到自我控股，我们首先要完成一个重要的课题就是自我认知。

相对准确并客观的自我认知是实现自我控股的基础。

我们常说："认识世界不难，认识自己不容易。"

我讲一个案例：

咨询者琳达来到我的工作室的时候，垂头丧气，目光黯淡，才三十岁的她几乎失去了同龄人应有的光彩。她说她几乎从出生就不被重视，自己是女孩，从小备受重男轻女的爷爷奶奶轻视；长大后成绩一般，相貌一般，几乎从自己身上找不到什么亮点，是放在人群中不可见的那种。因为自卑，没考上理想的学校，毕业后也没有稳定的工作，至今没有男友，甚至没有知心的闺密，不知道这样的人生还有什么意义。

你不难发现，听完这样的阐述，连你似乎都置身在黑暗之中，感觉内心压抑。是啊，如果真的是这样，那么一个人的人生似乎无望了。可这一切都是琳达的自我认知，她给自己贴上了低劣、廉价、失败的标签。说到这里我们先来了解一个非常有趣的经济学和心理学都常用到的效应。

我们刚才的案例中的琳达，就是给自己标注了最低的底价——对刚出生的自己都给予最低的标注——然后这和自我认知就神奇般地恶性循环，甚至用同样卑微的眼光及心智去猜测和寻找别人的嫌弃、厌恶。所有的负能量汇聚在她身边，导致自我价值持续偏低。后来我们通过多次交谈，发现大多数负面信息是她自己臆想出来的。对她的出世，老人是有过些许遗憾，但是没有嫌弃她，而更多的人觉得她乖巧、懂事，长得也清秀，虽不算美女，但是让人很舒服。至于后来的上学、社交、求职，甚至恋爱不顺利，完全是因为她的自我认知出现了问题，她活生生地把自己和幸福绝缘了。那个把她打入谷底的人，其实就是她自己！

自我认知，指的是对自己的洞察和理解，包括自我观察和自我评价。自我观察是指对自己的感知、思维和意向等方面的觉察，自我评价是指对自己的想法、期望、行为及人格特征的判断与评估，这是自我调节的重要条件。

朋友圈中的你与真实的你是不是很不同？你是不是也觉得社交网络上的自己很假，却又忍不住这样做？其实很多人有类似的感觉。人们在社交网络上的"自我"，是会愈演愈烈的，甚至已经挤压了真实的你可以存在的空间。

方法论：

自我认知的正确路径：

我是谁：《道德经》中"自知者明"讲的就是"要明白自

己是一个什么样的人"。正确认识到自己的优势和劣势，才能进行下一步动作。正确认识自己——也就是自省——是一件一直要做的事情。就像我们照镜子看清楚自己一样，心里也要经常照镜子，知道自己的身份、地位等当下的样子。

我从哪里来：你要对自己的优势和劣势进行分析，对自己能做什么或者不能做什么，有一个正确清晰的认识。这更像是能力的自我评估，你要知道自己有几斤几两。

我想怎样：自己怎样做，指导思想是什么，这就是"我想怎样"。有了明确的指导方针才能确立目标。本着什么初心去做事，为什么而做，这也可以理解为寻找做事的动力和原发心态。

我要去哪里：既然你知道了目标，那么就要想应该去哪里，应该怎么做。清楚了目标，那你就不会迷茫和慌张、无助。

我如何去那里：确定目标以后，你就会想尽各种各样的办法去达成目标，这就是执行层面的方法论。

我们举个小例子来说明：我是一个六十五岁的老人，为了满足心愿从东北坐火车出发去北京登长城。

很简单的一句话，上面提到的所有关键词都交代了：因为知道我是谁——六十五岁的老人——就会给自己配备相应的物品，比如心脏药、拐杖等。我从哪里来？从东北去北京——那么会考虑到气候等的变化。我想怎样？满足心愿——这就是最大的动力和初心。我要去哪里？登长城啊——目标明确。我如何去？会从东北坐火车到北京站，再从北京站坐长途大巴去长城。

所以你就了解了，其实无论我们人生中的任何事情，都按照这几个程序进行一个清楚的自我认知，我们对自己、对事情就无比清晰，做事就会事半功倍。

四种自我认知层次：运用咨询常用的四象限思维工具，所有人都可以被归为四类。见下图。

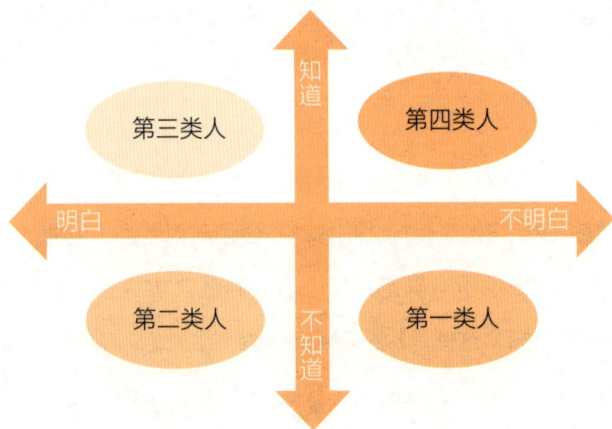

第一类人：不明白自己不知道。

即所谓的"无知者无畏"之类的人，这样的人构成社会底层的绝大部分。

比如在选秀的舞台上，经常会出现令人啼笑皆非的选手，他们并不知道自己五音不全，忘我演唱，贻笑大方；或者在某个论坛现场，某人说出可笑幼稚的观点，惹来一片哗然。

第二类人：明白自己不知道。

就是很清楚自己不会、不懂、不知道，也就是有自知之明的人。

你拒绝了公众演讲，是因为你知道这是自己的弱项，因为你的表达能力欠缺，所以就不参与了。这就是第二种情况的人。

第三类人：明白自己知道。

这种人一般是第二种人在苦苦思索后终于开悟转变过来的。

第四类人：不明白自己知道。

所谓"不明白自己知道"，就是说，这种人的知识结构已经超出了自己意识认知的范围。

这种人和第三种人的区别是，第三种人往往在某个领域做到顶尖，但是很木讷，不懂变通。

你是哪一种人呢？你又想做哪种人？

你不难发现，当你完成了清晰的自我认定时，就会变得通透。看清楚自己，才便于向世界宣告主权；明白要什么、不要什么，人生不走弯路，内心不会迷茫。

人生犹如一趟列车，自己掌控方向、速度，就不是失控的人生。

愿你实现自己的人生控股。

今日作业

小测试，你的受暗示性强吗？

其实人在生活中无时无刻不受到他人的影响和暗示。比如在公共汽车上，你会发现这样一种现象：一个人张大嘴打了个哈欠，他周围会有几个人也忍不住打起哈欠。有些人不打哈欠是因为他们的受暗示性不强。哪些人的受暗示性强呢？我们可以通过一个简单的测试检查出来：

让一个人水平伸出双手，掌心朝上，闭上双眼，告诉他现在他的左手上系了一个氢气球，并且不断向上飘；他的右手上绑了一块大石头，在向下坠。三分钟以后，看他的双手之间的差距，距离越大，则他的受暗示性越强。

北辰箴言

自卑时：你要对自己说，其实你比很多人强。

自满时：你要对自己说，也许别人不比你差！

第四章

教育篇

提升幸福力

改变你一生的 30 个心理学效应

齐加尼克效应：
接受和接纳，远比抗拒幸福

心理学关键词：齐加尼克效应

　　法国心理学家齐加尼克曾经做过一个实验：将一批学生分成两组，让他们同时完成二十项工作。结果一组顺利完成了任务，另一组却未完成。试验表明，虽然受训者在接受任务时均呈现一种紧张状态，但顺利完成任务者，其紧张情绪逐渐消失，而未完成任务者，紧张情绪持续存在，且呈加剧倾向。这种现象被称为"齐加尼克效应"。

　　为什么有的人持续紧张，做事慌乱？即便面临同样的压

力，有的人很快复原，而有的人持续焦虑，甚至会就此留下应激性障碍问题？

我们不排除先天的人格差异情况，有的人本就是复原型人格，有的则是高敏感型人格。这两种人格直接决定你面对问题时的抗压能力和自我修复速度。

除此之外，周围环境、所受到的教育情况，是否会增加一个人习惯性焦虑及恐慌、紧张和失措的概率？我们来看几个场景：

场景一：孩子闯祸了，怎么修理他？

你的孩子在学校打架，被老师找家长，你听到后的第一反应是什么？我想大多数家长可能是觉得羞耻，认为孩子给自己丢人了，惹祸了，进而在这种认定下感到焦虑、暴躁。那么在这样的情绪下，可能你看到孩子的时候，一定会指责、批评，甚至体罚孩子。

这就是常见的家教错误三步曲：性质认定——心态坍塌——错误行动。

家长这么做的后果无须我多说了，一定是亲子关系很疏离，不会解决问题，或者孩子表面顺服内心抗拒。

你会发现，你的慌乱情绪直接导致的结果就是，孩子也会遇事慌乱！

那么正确的方法应该是什么？是爱。什么是爱？

你要先关切地问孩子："你和人打架了？来，妈妈看你哪里受伤了没。"

这一步很重要，这是让孩子感受这是自己的家、自己的世界才有的样子，也是打开沟通之门的钥匙。

接下来你要询问原因。也许孩子是被激怒后动的手，又受到老师的批评，自己已经很委屈。

所以这一步的关键是聆听。让孩子如实说出事情始末，并倾诉自己的心情，这样做既能让你准确掌握实情，也能给孩子安全感，促使他消除不良情绪，平静下来。

最后就是分析，理解后的分析。家长要告诉孩子：妈妈听了也很生气，但是我们的做法是不对的，再次遇到这样的事情该怎么处理，什么是化解冲突的有效方法。

第二个场景：孩子学习不好，你持续焦虑。

很多家长打电话给我，抱怨自己的孩子怎么就成绩不好呢。我通常会说：那为什么你的孩子就一定要成绩好呢？这个世界上真的有天赋之说，也有不同类型的人才特质，否则大家都去社会科学院了，谁给我们种粮食吃？谁给我们做衣服穿？谁给我们造汽车开？

所以，我们经常陷入一种自己认定的失败模式：孩子学习不好，完蛋了。

学习不好，只能说明孩子在学习这件事上比较平凡而已。我们是否可以停止焦虑，走出这个我们认定的失败旋涡，接受事实，然后开始看到孩子的其他闪光点？比如调皮的孩子大多很聪明，情商很高；比如爱打架的孩子往往很仗义、正直。我们应从另一个侧面去看看这件事。

接受孩子在某一方面的平凡，不仅仅是一种勇气，其实也是一种智慧，看问题不止一面的智慧。

第三个场景：孩子早恋了，家长要疯了。

我之所以用"要疯了"来形容家长的反应，一点儿不为过。我经常接到类似的哭诉：完了，我儿子和同班女生早恋了；完了，发现儿子和异性同学互传的小字条了。一般我的回应都是：恭喜你。

我为什么恭喜？第一，你的孩子长大了；第二，你的孩子性取向没问题。

一般我这样说，家长会说：别闹。怎么办，我们该怎么阻止？

我是真心恭喜，当你也接受这个事实，并真心恭喜孩子的时候，问题就好办了。

因为你接受，能让孩子敞开心扉地和你对话，甚至分享他的感受，让一切浮出水面。记住，所有摆在桌面上的问题都好办，怕就怕暗流汹涌。如果你阻止，他就不早恋了吗？也许他只是将一切行动转移到地下。偷偷摸摸更耽误事。

关于早恋问题的处理方案是引导，不是堵住。情感就像流水，来了，我们可以将其引流到它应该去的地方，绝对不是不让它流。

我们来看看你担心的事：第一，孩子和异性过早身体接触，有了肌肤之亲；第二，影响学习。

那这就好办了，你告诉孩子，掌握尺度——但必须解决掉这两件担心的事，孩子答应了就让他谈，不答应就禁止。

有时候成年人会把事情想得极端和恶劣，就仿佛一定会是坏的结果。

我曾经就看到过男孩儿和女孩儿携手一起走进北京的重点大学。

我们说了这么多，其实万变不离其宗。父母是家庭教育中的主力军，只有接受孩子，包容他的一切，你才能冷静而不带情绪地去思考方法，解决问题，否则在紧张和焦虑的状态下只能做出错误的指令。而且你的言行方式以及情绪，也会直接影响到孩子。

那么，我们如何避免齐加尼克效应的出现？

脑力劳动者容易产生齐加尼克效应。随着当代科学技术的飞速发展、知识信息量的快速增长，脑力劳动者的工作量亦相应增加，工作节奏随之加快。由于脑力劳动是以大脑的积极思维为主的活动，其特殊性在于大脑的积极思维是持续而不间断的活动，所以紧张情绪也往往是持续存在的。诸如报刊的编辑人员在出刊之前，"八小时以外"仍然会考虑组稿、编排等情况；搞攻关项目的科研人员，研究课题经常连绵不断地呈现在其眼前……有时，那些尚未解决的问题或未完成的工作，会像影子一样困扰着这些人。医务人员、工程师、作家等都有此体会。

紧张的工作节奏和各种竞争，使脑力劳动者易产生紧迫感、压力感和焦虑感，若处理不当或不能适应，则对很多生理和心理疾病的发生发展起着推波助澜的作用。因此，脑力劳动者必须学会自我心理调适，缓解精神上的紧张状态。

1. 缩短工作时间，提高八小时工作时间的工作效率。

每完成一项工作任务可谓一个周期，当你攻克了某个难关，或完成了一件重要工作时，心情会豁然开朗，愉悦之情油然而生，这种完成任务后的欢愉对缓解心理紧张、促进身心健康是极其有益的。

2. 学会自我放松，注意随时"放气"。

在高度紧张时，我们应力求降低应激的阈值，给自己以"减压政策"。无论工作多么繁忙，我们每天都应留出一定的休息、"喘气"的时间，抽空散散步，活动活动筋骨，尽量让精神上绷紧的弦有松弛的机会。

我们要科学地安排工作、学习和生活，实事求是地制订工作计划或确定目标，并适当地留余地。对待事业上的挫折我们不必耿耿于怀，亦不要为自己根本无法实现的"宏伟目标"而白白耗尽心血，弄得精疲力竭。

3. "精神胜利法"：没什么大不了的。

鲁迅笔下的阿Q常用精神胜利法自我解嘲，这种方法对现代人亦不无裨益。这种精神胜利法实质上是一种自我暗示。自我暗示是由本人的认知、言语、思维等心理活动来调节和改变身心状态的心理过程。我们运用积极乐观的自我暗示法，能化被动局面为主动局面，收到特殊的调节效果。

4. 养成运动锻炼的习惯。

我们每天可安排一小时进行锻炼，根据自己的情况灵活掌握。锻炼项目可选择跑步、快走、太极拳、广播体操等。体育锻炼对脑力劳动者来说，既可放松身心，又能增强体质。

5. 培养一项以上业余爱好。

脑力劳动者的业余爱好可作为转移大脑"兴奋灶"的一种积极的休息方式，有效地调节大脑的兴奋与抑制过程，进而消除疲劳，改善情绪，从紧张、乏味、无聊的小圈子中走出来，进入一个生机盎然的环境。业余爱好的内容是广泛的，诸如琴棋书画、养鸟养鱼、花卉盆景、写作、旅游、垂钓等。大家可根据自己的兴趣选择，适当"投资"，最好养成习惯，以缓解紧张感。

6. 讲究科学的心理调节。

既然压力是客观存在的，我们就应以积极的态度去对付它，让焦虑、烦恼等劣性情绪强行积郁在胸显然不妥。心情不好时，我们应尽量想办法宣泄或转移不好的情绪，如找知心朋友倾诉，一吐为快；或出去走走，看电影、电视等。困难时我们要看到光明面，失败时要多看自己的成绩，要有自信心，这样有利于理清思路，克服困难，走出逆境。

在家庭教育中，大多数父母操之过急，过早地给孩子做负面判定。比如才小学一年级，孩子考试不及格，大人就认为完了，这孩子一定不是学习的料，而不是科学地分析问题在哪里。你的不接受，会变成持久的焦虑，变成无休止的怨怼，加深孩子的焦虑，导致孩子情绪不稳定。这就是一个恶性循环，事情的结果会和家长的期望背道而驰。

接纳的意义在于，让孩子感受更多的安全感。他只有感觉安全，才能探索、学习、进步。

今日作业

说出一个你认为的孩子最大的缺点，尝试去理解和接受他的这个缺点，站在他的角度，平和地和他沟通一次，听他说他的感受和缘由，尝试从不否定的角度去找到突破口。

北辰箴言

关于孩子的任何结果，无论好与坏，都不是最终结果，因为有关孩子的一切充满变数，无论成绩还是品行都在不断变化，所以，不贴标签，不早定性，是父母的自信，也是给孩子最大的支持。

羊群效应：

跟随大多数，只能成为大多数

心理学关键词：羊群效应，也称"从众心理"

　　羊群效应在心理学上说的是大家的从众心理，是一些企业在市场行为中的一种常见现象。经济学里也经常用羊群效应来描述经济个体的从众跟风心理。羊群是一种很散乱的组织，平时在一起也是盲目地左冲右撞，一旦有一头领头羊动起来，其他的羊也会不假思索地一哄而上，全然不顾前面可能有狼或者不远处有更好的草。因此，羊群效应就是比喻人都有一种从众心理。从众心理很容易导致盲从，而盲从往往会让人陷入骗局或遭遇失败。

　　羊群效应的出现一般是在一个竞争非常激烈的行业

中，而且这个行业里有一个领先者（领头羊）占据了主要的注意力，整个羊群会不断模仿这个领头羊的一举一动，领头羊到哪里去吃草，其他的羊也会去那里淘金。

"狼足够强大，所以它踽踽独行，不需要同伴，牛羊才喜欢结伴而行。"

我们看到很多优秀的人往往是传统意义上"孤独"的一群

人，思想有深度，可能旁人无法理解，特立独行，拒绝世俗的约束。

当然，标新立异、刻意为了追求特立独行的人除外。你会发现，出众是需要实力的，更需要一种理念的培养和根植的习惯。

中国人喜欢跟随，所以你会看到很多人云亦云、缺乏独立判断和自我审视的行为。

一窝蜂地哄抢特价商品、双十一的不理性消费，都属于从众心理。

"跟随大多数，你只能成为大多数。"这是铁打的真理。

我经常会接到家长的咨询，基本是关于如何让孩子听话、努力学习之类的。

在家长眼里，"像别人家的孩子一样性格乖巧，学习努力"才是好孩子的标准。

只要孩子没有按照自己理想的样子成长，或者没有达到我们的"要求"，家长就会失望不已。

今天我们就说说"要求"这个词。要求一定是负面的、不舒服的，你想，谁愿意被要求怎样怎样？孩子也一样。要求就等于孩子要长成你希望和你喜欢的样子，而不一定是他的本意。

你是想让自己的孩子成为被赶着的一群羊中的一头，还是成为一匹让羊群胆战心惊的狼？

我们来看几个案例及其分析，这些情况也可能折磨过你。

第一个场景：陪着写作业，你被逼疯。

有多少家长提起陪孩子写作业就头疼，却还一直坚持去做？这是特别错误的事情。

首先，孩子在你的看管之下写作业，在心理上就是你对孩子的一种不信任，因为你不相信他能独立完成这件事。而结果往往就如你所料，他一定不会独立完成作业，甚至你看着他也完成不好。

其次，看管是人为约束，孩子下意识地会制造些困难来反抗你，比如故意把铅笔弄断，故意写错，东张西望，其实他们是在暗示你，此种做法让他很反感，所以用这些行为来抗议。但是如果你不懂，你就会发怒，指责孩子，导致孩子越发反感，事情从而恶性循环下去。

试想一下，一个被看管着写作业或者读书的孩子，会自律和自觉吗？

有人可能会说不行啊，如果不看着，他真不写，会写错和写不好啊。没关系，你继续想，如果孩子不写，写不好，写错，会有什么后果？被老师罚站？被批评？被要求写很多遍？

对了，只要有惩罚，孩子就会改变，这是自我调整的意识，我们就是要这样的效果。

第二个场景：你不轻易拒绝孩子，不要求他不能这样不能那样。

我给大家讲讲我的带娃方法：孩子提什么要求都先答应着，然后听他的理由，合理的一定支持，不合理的，引导后，让他自己说不合适，收回请求。

在和孩子相处的过程中，你随时要面临孩子的要求。

比如："妈妈，我想要部手机！"

"不行！买什么手机，你学习那么差，买手机就更完蛋了，还不成天玩游戏？！"

我们来分析一下这句话有几宗罪。

首先，每个人提出要求都不希望被拒绝，这是负面能量，而且你不问原因就断然拒绝。

其次，你没就事论事，批评孩子，孩子会觉得这跟他学习好不好没什么关系。

再次，你妄下结论，担心买手机会影响孩子学习，将可能发生的事变成了肯定会发生的。

在这脱口而出的三宗罪下，孩子悻悻离去，沟通屏障开启。接下来会发生什么呢？

孩子不再提买手机的事，但是不开心的情绪会持续很久并波及学习、生活，甚至有的孩子会故意让成绩下滑，告诉你学习成绩和买不买手机无关；或者偷玩同学或父母家人的手机。

正确的做法是：

孩子说："妈，我想买部手机！"

妈妈："好啊，儿子。过来，和妈妈说说你要手机做什么？"

孩子为了能拿到手机，一定会说出很多听起来很靠谱比如背单词、线上学习的理由。

"好，妈妈觉得不错，那你怎么保证不玩游戏，不影响学习呢？"

孩子一定会信誓旦旦地说一大堆保证的话。

这时候，你完全可以客观地分析问题，然后和孩子一起确定手机使用的频率、时间和能看的内容，如果孩子愿意，就签署一个小协议，并严格写出奖惩措施。

这样做的结果只有两个，一个是孩子在你的引导下规范地使用手机，另外一个是孩子觉得自己可能没那么需要手机，就放弃了。而这两个结果都不是你要求的，是孩子自己说出来的。

第三个场景：从不要求，其实是最高的要求。

孩子上课后兴趣班，家长花不少钱，孩子却甚是苦恼，为什么？因为这些不是孩子自己选择的，这是在应付我们的要求。所以，不要求，有时候反而是最高的要求。

我在孩子小时候，从没想过让他学什么，就是让他玩，只不过我特意经常带他去少年宫或者兴趣班玩。这也是一个你和孩子相互发现的过程，孩子发现了什么更让他喜欢，你发现了孩子的兴趣在哪里。这样等孩子自己提要求，然后你满足他。人都有一个维护自尊和面子的本性需求，比如你自己做的饭，咬牙也要吃完，所以，孩子自主选择的事情、做的决定，他更容易坚持。

朋友的孩子在高二时突然决定放弃高考，要去当兵，全家人反对，只有朋友支持了孩子的决定。朋友和孩子长谈了一次，孩子说无法找到学习的目的和动力，不想做现在不想做的事情，性格有弱点，想去部队锻炼自己。

朋友问孩子："你确定不后悔吗？"

孩子坚定地说："不会，那样我会快乐。"

后来朋友说服了家里人，孩子去当兵了，在部队表现特别好，阳光积极，改变很大。而在部队里，孩子意识到了知识的重要性，考了军校，退伍时也拿到了文凭。

调动能动性，让他在自己主动的心态下去做事，做自己心甘情愿、充满兴趣的事情。

活成自己想要的样子，才是最高级的人生。

所以我要再次提醒大家，我们不要要求孩子，而是应该配合孩子全力做好支持辅助的工作。

今日作业

　　放下一件你对孩子坚持要求、他却做不到、甚至适得其反的事情，看看一个月后的变化。

北辰箴言

　　没有人愿意被要求，那是一种违背人性的事情，除非不得已。所以，放弃要求，才是最高的要求。

罗森塔尔效应：

被期待者更容易成功

心理学关键词：罗森塔尔效应

1968 年，心理学家罗森塔尔到美国的一所小学里随机选出了一些学生，然后郑重其事地告诉全校师生：相较于其他学生，这部分学生更有潜力和能力，将来肯定更为优秀。

过了 8 个月之后，罗森塔尔再次到这所学校里调研发现，相较于普通学生，被选中的那些学生在过去的时间里学习成绩进步更快，性格上更为活泼开朗，与老师的关系也更为亲密。

罗森塔尔效应又叫皮格马利翁效应。

在古希腊有位年轻的国王叫皮格马利翁，让工匠精心雕刻了一具美丽精致的少女石像。

这位国王特别喜爱这具石像，放在身边每天含情脉脉地注视着，时间长了这具少女石像竟然活了起来。当然，这是神话故事。不过现实中也发生了类似的事情。

这个效应说明，当你以积极的期望去对待一件事物时，这件事物也会朝着越来越积极的方向发展。

这是一个很简单的道理：没有所谓的天赋，其实大家相差无几，是被期待、被寄予厚望以及优越的条件给了被选出的学生更好的可能。

教师对心理学家提供的名单深信不疑，于是在教育过程中就会产生一种积极的情感，即对名单上的学生特别爱护。教师们掩饰不住的深情在教学过程中会通过语言、笑容、眼神等表现出来。

在这种深情爱护的滋润下，学生自会产生一种自尊、自爱、自信、自强的心理，在这种心理的推动下，他们有了显著进步。这一效应就是期望心理中的共鸣现象。

我们有意识或无意识地对某人寄予期望时，对方会产生回应这种期望的特性。如家长在交代某一项任务时，不妨对孩子说"我相信你一定能办好""你会有办法的""我想早点儿听到你们成功的消息"等，这样，他就会朝你期望的方向发展，也容易在期待中获得成功。

人生有时候需要谜一样的自信，你的成功也有可能成为别人眼中的谜。

几乎所有的成功都是有规律可循的，今天我帮大家揭开两个起到决定性作用的规律：一是来自主观上的自我认同，也就是自信；二是来自客观上的支持肯定，也就是相信。

而这恰恰说明了一个真理：期待，是成功的源泉和力量。

你掉进枯井里，如果自己无计可施，放弃了希望和求救，也不相信荒郊野外会有人搭救自己，那么自己放弃了，别人也就放弃你了，你多半是等死的结局。

如果有信念支撑着你，相信通过自己的努力你一定有办法自救，那么意念会支持你开动脑筋求生，就算自己没有想到脱险的办法，至少也会因为有期待而等到救援的人发现你。

我们在很多影视剧里看到过这样的情节：垂危的人，会被告知"坚持住，你可以的，挺过去，不要放弃"。这就是典型的被期待。如果这种力量成功唤起垂危者的主观求生欲，就很可能创造生命的奇迹——人的自身的潜能和生命的顽强程度有时候是很惊人的。

我最近接到一个咨询：亮亮今年九岁，上小学三年级，妈妈带他来的时候，他将头垂得低低的，声音怯怯的，不太敢看人，一直在抠手。用最简单的微表情理论能判断出，这孩子没有自信，专注度也不够。我说，这孩子学习一般吧，听课不认真，写作业也拖沓，甚至玩都玩不过别人，对很多事情提不起兴趣。妈妈小鸡啄米一样连连点头，说："北辰老师你怎么这么神，说的情况全中，我就是因为这些问题来找你的。"

我接着说："你和他爸爸的教育有问题，是不是很少鼓励孩子，甚至说过类似'你没出息''你完蛋了，以后工作都找不到，也娶不上媳妇'之类的话？"

我说完这些后，妈妈一下就流出了眼泪。她继续边点头边说："是的，我就知道这样不对，这些话孩子他爸爸全说过。"

而此时我留意到孩子慢慢抬起头，开始看我的眼睛了，而且眼神就如抓住救命稻草一般。

我说："你们回去吧，拖也把他爸爸给我拖来，因为你俩没问题，有病的没来，给你们打针不公平。"

后来他爸爸来了三次，我先是让他爸爸在纸上写出他对孩子的十个印象，意料之中，爸爸写的全是孩子的毛病，诸如注意力不集中、表达不顺畅、做事拖沓之类，全是负面词儿。

通过正向思维模式的引导，他爸爸尝试着写出了孩子善良、有爱心、孝顺、不惹事、爱干净、喜欢物理知识等偏积极的词儿。我开始训练该家长去强化这些正念，让他用鼓励和肯定去激发孩子对生活的热情、对学习的兴趣，让孩子相信父母是爱他的。一段时间后，孩子果然在很多方面进步了。

那么话说回来，问题到底出在哪里呢？你可能也发现了，那就是不被期待者，很难获得成功。

我们谈到帮孩子规划未来，你都断定了孩子没有未来，还哪里来的规划？

北辰建议每个人在一生中，至少要有两个平行的规划：关于人生，关于职业。人生规划就是你要过什么样的日子，而职业规划就是你靠什么过上想过的日子，这也是对孩子的未来进行规划时需要涵盖的两个主体内容。

那么具体我们应该怎么做呢？

第一步：帮助孩子认识自己。

这也就是我说的了解自己的性格、兴趣、能力以及价值观。当然，在家庭教育中，我们最强调孩子的天赋，小孩子的性格、兴趣、能力和价值观在不断形成或变强，这个需要父母的积极引领。对初中、高中的孩子，可能各方面已经比较稳定了，要让孩子了解自己。我们可以找一些性格、兴趣测评等去做。在帮助孩子认识自己的这一步，父母最重要的任务，就是看见孩子的天赋，引领孩子的价值观，尤其是女孩子的善良、男孩子的责任和担当等。

第二步：环境分析。

我们主要应从家庭环境、学校环境、社会环境方面去分析，这些统称为社会资源或者社会支持系统。

家庭环境：要看家庭对孩子未来生涯的发展能否提供足够的资源和是否支持孩子的特长的发展，家庭条件是否允许孩子出国留学，家里的经济条件是否能够支持到孩子。

学校环境：主要看孩子所在的学校能为孩子未来的发展提供什么拓展和实践机会。考虑到孩子未来的发展，选择不同的学校，公立学校、私立学校、国际学校等，还有一些升学政策，这些都是要考虑的。还有孩子以后上什么大学，读什么专业等，这也是要考察的。

另外还有社会大环境，我们要考虑未来社会的发展趋势是什么样的，人工智能时代，需要的职业能力是什么等。

第三步：明确生涯目标。

在孩子了解了自己和外在环境之后，我们就要帮助孩子确定未来的职业目标了，从职业目标去倒推，看孩子需要读什么大学、什么专业，高中要选择什么学科。打个比方，如果孩子特别喜欢搞研究，以后想做个天体物理学家，那么大学专业就要报跟天体物理相关的专业，而报这个专业呢，在新高考改革这样一个背景下，在3+X选科的时候，物理肯定是必须选的。

第四步：制订并调整行动计划。

这个行动计划，可以把生涯分为人生目标、远期目标、中期目标、近期目标等。规划不能只是画了一个大饼而已，需要细化、量化方案去支持，将其拆解成在不同学习阶段和年龄阶段的具体执行方案，一步一步地辅助实施，并坚持养成一个一切资源、精力向着目标倾斜的习惯。另外，随着步骤的实施，我们应该及时和孩子一起复盘，根据效果调整和完善行动目标及执行计划。

说到规划未来，那么，你就必须知道未来需要什么样的人："未来，将属于高感性能力的另一族群——有创造力、具有同理心、能观察趋势、能为事物赋予意义的人。我们正从一个讲求逻辑与计算器效能的信息时代，转化为一个重视创新、同理心与整合力的感性时代。"

除了储备必要的专业技能知识以外，以下能力则是规划生存能力、均衡素养的关键：

1. 社交能力、协商及共情能力：观察人和事物并进行分析整合的能力。

2. 同情心和接纳尊重及帮助他人的能力：这能让孩子收获很好的资源。

3. 创意和审美能力：做有价值的差异化的努力。

最后我们说一说人生规划。很多时候人生规划大概说的是节奏和选择。

比如，我们多大读书，多大工作，什么情况下结婚，什么条件下生孩子，给家人和自己什么样的生活，要璀璨夺目的人生还是平淡幸福的人生。因为不同的节奏和选择，有不同的付出和时间。

有时候人生规划和职业规划是密切相关的，比如说一个人决定了自己要做科研工作，他需要读大学、考研、读博等，那么毕业后工作，建立家庭可能就比同龄人要晚，成家生子估计是三十岁以后的事了。相反，有的人早早地就结婚了，那么在做未来的职业选择的时候，要兼顾精力，为家庭让步。每个人在做任何选择的时候，都需要考量整体和平衡性。

今日作业

家长尝试每隔一两个月就问问孩子喜欢的事物，长期关注后，看是不是能发现一个系统的规律，从而确定一个方向。如果确定了方向，对其进行培养，不管可能成为未来的职业还是爱好，都好。

北辰箴言

所谓成功的人生，就是规划得早、执行得好、平衡协调的人生。家长应早一点儿懂得孩子，帮他做一个专属的规划，并全力支持他实现目标。

权威效应：

你的样子，就是孩子的样子

心理学关键词：权威效应

　　美国某心理学家曾做过一个有趣的试验：在给大学心理系学生讲课时，他对学生介绍说聘请到举世闻名的化学家，化学家发现了一种新的化学物质，这种物质具有强烈的气味，但对人体无害，在这里只是想测一下大家的嗅觉。接着心理学家打开瓶盖，过了一会儿，要求闻到气味的同学举手，不少同学举了手。其实这个瓶子里的东西只不过是蒸馏水，"化学家"是从外校请来的德语教师。这种接受所谓的名人的暗示，所产生的信服和盲从现象被称为"权威效应"。从身边的人迷信权威开始，圈层效应就出现了。

在小孩子的眼里，父母就像是名人，像是权威，父母就是一代宗师，有力量又有办法，无坚不摧，无所不能，所以我们会听见很多宝宝说自己的爸爸是超人。当然也会有人说自己的妈妈是"吵人"，就是很吵的意思，说话很大声，爱指责别人。

你看，这就是你们打造的自己的样子。

孩子在最初对父母是言听计从、盲目崇拜的，父母如何引领，他就去向哪里。等孩子再长大一点儿，父母会发现孩子不听话了，叛逆了，让他往东他便往西了。这时候父母不要着急，应冷静地想一下：你引领的方向确定是对的吗？你说的话，给出的观点、答案、方法确定站得住脚吗？

　　我想起之前看过的一条新闻：一个孩子坐电梯的时候，一个飞脚把电梯门给踹飞了。

　　事后，物业要求孩子的父母赔钱换电梯，孩子的妈妈竟把孩子踢电梯门的视频发到了业主群里，并表示：儿子都没伸直脚门就飞了，这质量太差！大家都应该感谢她的儿子发现了安全隐患。

　　该楼的一位业主表示："这小孩儿是我隔壁的，每天都要对着那门踢几脚！我都说过好几次了，他总对我说，'王叔叔，我又不是你的儿子，你管不着'！"

　　无论孩子的行为在我们看来多么荒谬，这都是孩子对周围环境做出的一种受父母影响的反应。

　　孩子的状态往往是成年人内心状态的镜像，成年人内心是什么样子，孩子就会是什么样子。你接触的环境圈层也决定了你的思维和行为。

　　家庭，就是孩子的第一个圈子。

　　就像那个踹飞电梯门的孩子，反观他的父母，只知道指责别人，孩子只不过是有样学样而已。

　　对孩子的全部教育，或者说百分之九十九的教育应归结到榜样的力量上，归结到父母的生活态度和方式上。

　　有个朋友说，以前儿子很爱玩手机，自己想尽办法也无济于事。后来，她开了一个公众号开始写作，因为写作，便抛开了手机开始看书。不久之后，她发现之前让自己发愁的儿子玩手机的行为竟然渐渐减少了，儿子还学着她的样子翻出了久违的绘本，让她感慨不已。

最后北辰要告诉大家，为了成功地引领孩子，我们应该做什么。我在这里给出几个重要的引领方向：

关于生活：你热爱生活，孩子就会活得"热气腾腾"。

你活得精致整洁，孩子就生活习惯良好；你每天充实忙碌，孩子就兴趣广泛；你对着花鸟说话，孩子就充满爱心；你若糊弄生活，孩子就应付人生。

关于性格：你脾气不好，孩子可能就有自虐或者暴力倾向。

生活中很多脾气暴躁、一点就着的孩子，其父母的脾气多半也不好。除了遗传因素，孩子脾气暴躁就是受父母的影响，所以，孩子就是父母的翻版。如果你不想孩子以后成为随时可能被激怒的狮子，那就控制好自己的脾气，做个好榜样。

关于社交：你自私狭隘，孩子可能就不合群，长大以后容易孤僻。

从小就喜欢抢别人的东西的孩子，其父母也一定自私不讲理；孩子可以强势一次两次，但总这么强势一定是父母骄纵出来的；从小就不懂礼貌，对长辈呼来喝去的人，其父母也一定对人不甚尊重：孩子小可以不知礼数，但父母总该知道制止和管教。

关于成长：你爱学习，孩子自然喜欢读书。

读书的意义是什么？这个问题，无数人问过，也有无数人回答。

我始终相信，读过的所有书都不会白读，它总会在未来的某一个场合，帮助我表现得更出色。就像小时候，我们吃过很多食物，现在已经不记得吃过什么了，但可以肯定的是，它们中的一部分已经长成了我们的骨和肉。我们读过的书，终将会成为我们的气质和风骨。

关于计划：你自律、节制，孩子就会一生清晰。

一个人不能自我管理，人生就不会更好。在这个崇尚名利和充满诱惑的时代，什么该要，什么能要，什么有能力得到，源于大家对自己的准确评估和人生计划。没有自律能力和人生规划的孩子，很容易滑向欲望的深渊。家长教孩子自律，才是给孩子最大的自由。

关于心态：你保持微笑，孩子就永远阳光。

生活是一面镜子，你对它笑，它就对你笑；你对它哭，它也对你哭。微笑是成本最低的正能量武器，能强大自己，化解危机。

关于责任：你善于做决定，孩子就不怕承担。

拒绝犯错就是拒绝成长，一个人不要妄图走捷径，因为落下的课，以后总是要补的。

今天我们犯一些小错误、走一些弯路，正是为了避免以后犯大错、走歧路。

家长不要经常批评孩子犯的错，正确的引导方式是，找出如何避免下一次犯错的方法。

只有出了问题觉得没有什么，自己有办法解决的孩子，才会勇于承担责任。

关于人品：你严格守时，孩子就愿意付出。

守时，最能看出一个人的教养。一个人对待时间的态度，对这个人的行为和选择有着重大的影响。

对孩子来说，守时代表着具备管理时间的能力，能有计划、有责任心地学习和生活。

培养孩子的共情能力，让孩子做有温度的人，这样你才会得到温暖。

关于心理：你懂得拒绝，孩子就不会委曲求全。

我们要学会拒绝，不愿意就不要轻易答应。拒绝如同生存一样是一种权利。让孩子学会拒绝，先温暖自己，再拥抱他人。

今日作业

说说自己和孩子拥有的共同习惯，至少好的两件，坏的两件，然后自我反省一下，哪些要发扬，哪些要摈弃。

北辰箴言

教育不是让孩子成为你要的样子，而是成为他想成为的样子。

自己勤奋，孩子就努力；自己活成一束光，孩子的内心就永远明亮。

棘轮效应：
拒绝在欲望的泥潭里不能自拔

心理学关键词：棘轮效应

商朝时，纣王登位之初，用进贡的象牙筷子就餐。他的叔父见了，劝他把筷子收藏起来，并说："大王用象牙做筷子，必定再不会用土制的瓦罐盛汤装饭，肯定要改用犀牛角做成的杯子和美玉制成的饭碗；有了象牙筷、犀牛角杯和美玉碗，难道大王还会用它来吃粗茶淡饭和豆子煮的汤吗？大王的餐桌上从此顿顿都要摆上美酒佳肴了；吃的是美酒佳肴，穿的自然就要是绫罗绸缎，住的就要求富丽堂皇，还要大兴土木筑起亭台楼阁以便取乐了。对这样的后果我觉得不寒而栗。"

仅仅五年时间，这些说法果然应验了，商纣王骄奢享乐，便断送了商汤绵延五百年的江山。

所谓棘轮效应，又称制轮作用，原指人的消费习惯形成之后有不可逆性，即易于向上调整，而难于向下调整。

我讲这个心理学的小故事，其实是想告诉大家，如果是在你单身的个人成长期，你可以无止境地去争取、创造你要的东西；但是在婚姻中，两个人是利益共同体，要一起成长，彼此共有，而不是一味地索取、要求。

这一效应是经济学家杜森贝提出的。古典经济学家凯恩斯主张消费是可逆的，即绝对收入水平变动必然立即引起消费水平的变化。对这一观点，杜森贝认为这实际上是不可能的，因为消费决策不可能是一种理想的计划，还取决于消费习惯。这种消费习惯受许多因素影响，如生理和社会需要、个人经历、个人经历的后果等。特别是个人在收入最高期所达到的消费标准对消费习惯的形成有很重要的作用。

实际上棘轮效应可以用宋代政治家和文学家司马光的一句著名的话来概括："由俭入奢易，由奢入俭难。"这句话出自他写给儿子司马康的一封家书《训俭示康》。除了"由俭入奢易，由奢入俭难"的著名论断，他还说："俭，德之共也；侈，恶之大也。"司马光秉承清白家风，不喜奢侈浪费，倡导俭朴为美，写此家书的目的在于告诫儿子不可沾染纨绔之气，要保持俭朴清廉的家庭传统。

在物质不再匮乏、生活必需品不再靠计划供应的今天，在保健品、营养品、吃饭穿衣以及文娱活动极其丰富的家庭生活环境里，我们再提"由奢入俭"是不是有些不合时宜？

诚然，棘轮效应是人的一种本性，人生而有欲，"饥而欲食，寒而欲暖"，这是人与生俱来的欲望。人有了欲望就会千方百计地寻求满足。

从个人的角度来说，我们对欲望既不能禁止，也不能放纵；对过度及至贪得无厌的奢求，必须加以节制。如果我们对自己的欲望不加限制的话，过度放纵奢侈，没培养俭朴的生活习惯，必然会使自古的"富不过三代"之说成为必然，就必然出现"君子多欲，则贪慕富贵，枉道速祸；小人多欲，则多求妄用，败家丧身，是以居官必贿，居乡必盗"的情况。

西方一些成功企业家虽家境富裕，但对子女依然要求极严，不给孩子更多的零花钱，甚至寒暑假还让孩子四处打工。这些成功企业家并不是苛求子女能为自己多赚一点儿钱，而是希望子女懂得每一分钱的来之不易，懂得俭朴和自立。

这一点在比尔·盖茨身上体现得尤为明显。微软公司的创始人比尔·盖茨曾是世界首富，个人资产总额达460亿美元。但是他在巴黎接受当地媒体采访时说，将把自己的巨额遗产返还给社会，用于慈善事业，而只让三个子女继承几百万美元。

盖茨认为，拥有很多不劳而获的财富，对站在人生起跑点的子女来说并不是件好事，子女的人生和潜力应和出身无关。比尔·盖茨称，他和妻子看过在健康、教育等领域还存在着的很多不平等现象，因此决定将自己的财产用于解除这样的不平等上。他还希望其他有钱人也能够让自己的财产回归社会，用于解决社会上存在的不平等问题。

棘轮心理学效应不仅仅适用在控制我们的欲望上，也可以用于阻断我们无休止的要求，在亲密关系中同样起作用。

万事必有因果，你一定要相信这一点，这世上没有无缘无故的爱和恨。

所以当我们的亲密关系出现问题，你先别急着抱怨和数落，冷静分析一下：他为什么成为这个样子？你们为什么成为这个样子？追根溯源，才是去除顽症的根本方法。

很多时候，我们自以为紧紧抓住了导致问题出现的原因，而事实上很多情况下它无关紧要，并不是主要问题，甚至很多时候可以忽略不计。

我来说三个让人遗憾的故事。

1. 刘女士和丈夫分居。

刘女士和丈夫分居了好几年，最后离婚。丈夫说分居前刘女士突然嫌他脏，以前没那么苛刻，现在要求他每天必须洗澡，否则就没完没了。你可能也会以为单纯是因为这件事，爱干净的女人对此无法接受才和丈夫分居，但是丈夫老张说以前冬天时自己有过三四天不洗澡的情况，老婆没那么嫌弃过。后来经过了解我才知道，刘女士是发现了丈夫的衣服上有女人的头发，于是猜测他有外遇，一想到他和别的女人滚床单，就觉得恶心，觉得脏，但是她又没有证据，所以上演了开头这一幕情景。

所以你看，事情的真相很可能在主观判断下被掩盖，完全不是我们想象的样子。很多夫妻因为生活了多年，自以为很了解对方，所以更容易犯懒得问、懒得说，一想也知道的低级错误。

在我接触到的婚姻问题中，存在误会和偏见的不在少数，很多事到双方谩骂攻击或者离婚时才被挖出来，其实这都是日积月累的疏离造成的。

真相需要还原，沟通是必须的，不是靠谁主观臆断和妄加猜测就能得到的。

2. 白领张小姐的自卑情结。

小张的男友很委屈，他说自己原来是挺有自信的一个人，现在变得特自卑，原因就是自己怎么做都不对。在单位、朋友圈里他挺受欢迎的，但不管多兴高采烈，只要一想到回家就头疼，不是拖鞋放的位置不对，就是方便面盒子里的汤没及时倒掉，要么就是衣服搭配得太土了、发型不好看，总之都是毛病，哪儿哪儿都不对。

后来，经过和张小姐沟通我才发现，其实张小姐是因为自己不自信，才开始打压男友。她承认，男友高大帅气，情商又高，很受欢迎，自己缺乏安全感，于是听信了小姐妹的话，要制服男友就要压住他，所以开始到处找他的毛病。

终于有一天，在长久的压抑下，男友崩溃了，觉得这段感情太累了，选择分手。

你看，有时候一个人表现出来的所谓对别人的不满意，其实是对自己的不自信，真相被掩盖了，一直没有得到解决。

3. 老张两口子见面就吵。

老张的老婆和刚才提到的张小姐不相上下，只是她不是不自信，是太强势了，要求对方必须按照自己想象的样子做，比如苛刻地要求老张小便要坐着解决，理由是站着尿液容易滴到马桶上。老张说容忍了一辈子老婆的唠叨，这两年老婆可能是到更年期了，情况越来越严重，实在受不了了。心理学上有一个叫思维定式的概念，说的就是如果人在下意识中养成了一种盯着别人的缺点的独特视角，比如说你看不到他的好，在这种定式下，对方的缺点就越发显眼。生活中我们都有这样的体验，窗外的工地噪声，你讨厌它，就会下意识地去听它还在不在，越是关注、专注，声音越大，你越是烦躁。一样的道理，时间久了，这就成了一块心病，你最讨厌的东西，偏偏是自己刻意去寻找的，甚至期待出现的。

以上几个案例从不同角度说明，有时候我们忙着去解决眼下的问题，根源却抓错了，真相可能是很久以前的一个死结，或者是源于心理的深层原因。

这么多年被咨询下来我发现，情感破裂的表象背后，是以下几个根源问题：

1. 不了解不信任：在刚才的案例中我们也看到了，不信任却不求证，甚至不说明也不给对方解释的机会，这都是问题。

"信任"这个词我们提了很多年，但是夫妻间因噎废食带来的后遗症太多。

2. 不幸福不满足：我们总是通过朋友圈去羡慕别人，殊不知谁也不会去晒家暴。其实别人过得不一定比你好，要相信自己遇到的人，相信自己拥有的是最好的，正向的心理暗示很重要。

3. 不宽容不妥协：任何关系，不仅仅是夫妻，家人、朋友也一样，没有妥协就不能长久，这是真理，否则你只适合独来独往。有人的地方就有不同，不必求同，但是必须宽容。

4. 不学习不成长：对别人要求不少，对自己没有要求，只希望别人进步，自己原地踏步，这样的情况不在少数。殊不知你对我没有用，我还要你干什么？

观察这一环节列举的问题，其实维系两人关系的正面做法的关键词也就出来了，那就是：信任、满足、妥协和成长。

今日作业

　　说出一件你因为没有被满足或者得到而耿耿于怀的事情，试试放下它。

北辰箴言

　　你一直忙着去堵一百个炸裂的出水口，会疲惫不堪，焦虑万分，其实有时候，你只需要冷静下来，找到总阀门，关闭它就好了。

第五章

社交篇

提升幸福力

改 变 你 一 生 的 30 个 心 理 学 效 应

鸟笼效应：

成功的人都懂得屏蔽外界的干扰

心理学关键词：鸟笼效应

　　心理学家詹姆斯和好友物理学家卡尔森几乎同时退休。一天两人打赌。詹姆斯说："老伙计，我一定会让你不久就养上一只鸟。"卡尔森笑着摇头："我不信！因为我从来就没想过要养一只鸟。"

　　没过几天，恰逢卡尔森生日，詹姆斯送上了礼物——一只精致的鸟笼。卡尔森笑纳了："我只当它是一件漂亮的工艺品。"从此以后，只要客人到访，看见书桌旁那只空荡荡的鸟笼，几乎无一例外地问："教授，你养的鸟什么时候死了？"卡尔森只好一次次地向客人解释：

"我从来就没有养过鸟。"

然而，这种回答每每换来的是客人困惑甚至有些不信任的目光。

最后，出于无奈，卡尔森教授只好买了一只鸟，詹姆斯的"鸟笼效应"奏效了。

你的鸟呢？

我在很多城市的民政局婚姻登记处有朋友，了解一些比如说要结婚和离婚的大数据之类的，这里我想说一个很有趣的事。我走访发现，很多夫妻去离婚，义愤填膺，表现得很决绝，但是如果你稍微留意，问问他们到底为什么离婚，你会发现大多是因为一件很小的事情最后连带出很大的情绪，恶语相向，其实离婚根本不是他们两相情愿的。我曾经现场化解了很多这种尴尬，简短地调解之后，两人回家过日子去了。

这就告诉我们，其实我们在处理一些问题的时候，最后的结果往往并不是我们想要的，我们在发泄情绪的时候，逞一时之快，而往往忽略了我们要什么。

还有一些时候，我们被别人左右。比如你最近很享受单身的状态，工作充实，闲暇旅行，生活被自己填满，没有谈恋爱的想法。可是你的年龄不小了，于是饱受亲友、同事关切的问候和叨叨，于是有一天你不胜其烦，草草结婚应付了事。很显然，不幸福的概率太大了，因为这不是你想要的结果。

你会发现，鸟笼效应就是自己特别容易被他人的导向左右，而不是关注问题的关键所在，让你误入"圈套"，进入了一个完全背离初衷的错误轨道。

人最难摆脱的是无谓的烦恼。许多人不正是先在自己的心里挂上一只笼子或张开一只袋囊，然后再不由自主地朝其中填一些东西吗？

你看，伟大的物理学家在明知道事实的前提下，还是被左右，做出了一个和自己想要的结果完全相反的决定。

鸟笼效应告诉我们：人们会在偶然获得的一件原本不需要

的物品的基础上，继续添加更多与之相关、而自己不需要的东西。

鸟笼效应是人类最难摆脱的心理问题之一。当我们开始为某个可能到来的偶然事件感到焦虑时，我们幻想着自己能做些什么来缓解焦虑。

但实际上，我们的所作所为不但无法帮助我们摆脱焦虑，反而会让我们越来越焦虑。

我曾看过这样一则寓言：

一个人走在路上，突然流起了鼻血，为了止血，他抬头望天。

路过的人看见他在望天，以为天上有什么东西，于是停下脚步，跟着抬头望天。

后来的人看见这两个人在望天，生怕错过什么，于是也加入进来。望天的队伍越来越壮大。

流鼻血的人总算止住了血，低下头发现很多人在望天，好奇地问他们："你们在望什么？"

有人说："天上有飞碟！"

有人说："马上要下雨了！"

还有人说："天马上要塌了！"

流鼻血的人大惊失色，继续抬头望天，不知道天上到底发生了什么，但害怕自己错过什么。

没有人知道其他人为什么要望天，但每个人都被大环境捆绑。他人的千篇一律的举动，激发了我们与生俱来的恐惧感和焦虑感。

如何摆脱鸟笼效应？这需要我们尝试着做三件事：

1. 罗列生活目标清单，并执行

"鸟笼"无处不在：我们买了一件短裤，就会想要再买一件配套的上衣；买了一件上衣，就会想要再买一条配套的裤子。到最后，我们花了更多的钱，却买了自己并不打算买的东西，感叹自己得不偿失，同时思考起"更加有效"的做法。为什么我不能把要买的东西罗列成清单，每完成一样就画一个勾呢？一来，这可以让我们掌握生活的主动权；二来，也便于我们复盘，反思自己做了多少和目标无关的事情。

2. 每天鼓励自己，培养积极思维

我们很容易陷入一个误区：生活必须越来越好，才对得起自己的辛苦付出。

这种心态本质上是一种否定，"正因为我现在的生活不够好，不够安全，所以我需要更多更好的东西来填充它"。这是一种消极的生活方式，更加积极的做法，是看清现在的生活虽然不够好，依然值得热爱。鼓励自己珍惜当下，培养积极思维，比渴望拥有更好的生活能带来更多的幸福感。而幸福感，才是对抗一切负面情绪的"特效药"。

3. 设立轴心，避免多余的行动

避免被大环境影响最直接的方法，是给自己一个轴，自己围绕着它旋转，如同陀螺一样，不偏离初心。行为心理学之父华生认为，人的一切外显行为，都有一个心理动机。比如全职太太把家庭放在内心的第一位，一切和家庭无关的事情都显得微不足道。这有一个好处是：即使遭遇"鸟笼"，也能优先照顾好家人，不被大环境捆绑。正如王尔德所说："人真正的完美不在于他拥有什么，而在于他是什么。"如果你心怀天空，就不会被鸟笼束缚自由；如果你自带光芒，就不会被阴霾蒙蔽双眼。

预防鸟笼效应的不良影响

方法一：时常检视自己潜意识中的"鸟笼"。

记下那些我们认为理所应当、本该如此的想法，然后回想这些想法是什么时候、怎样产生的；

理智思考造成自己有这种思维的事物是有效的吗，值得信赖吗？有事实依据吗？

方法二：明确他人"鸟笼效应"背后的内心需求，分清人际界限。

当你破除了自己身上的鸟笼效应，接下来要做的就是避免受别人的影响。人是具有社会性的生物，每个人与周围的人都有着复杂的联系，很多时候因为周围的人被植入了同一个"鸟笼"，而自己没有被植入这种"鸟笼"，自己就会显得异类。有很多人往往为了满足别人心中的"鸟笼"而选择自己并不喜欢的生活方式。

规避鸟笼效应，我们怎么能永远以结果为导向去处理问题呢？

1. 不忘初心：这听起来很耳熟吧？其实很不简单，内涵深刻。初心其实就是我们开始想要的结果以及价值导向，但是我们很多时候走着走着就忘了，就偏离了轨道。沟通也一样，比如开始只是想让老公给自己买一个包，那么你就应该盯着这个初心，向着这个结果去想办法，说一切有利于这个结果的话。可是有的人在老公提出质疑的时候，马上就沉不住气，忽略了结果，开始怒怼："你就是小气、抠门。你给你们女领导买贵重礼物怎么不吝啬？还有，你们家的人都小气，你妈当初就只给我一样18K金的首饰……"这完了，肯定挑起战争啊。最后你都忽略了你为什么沟通，结果一定不是你想要的，甚至有的小夫妻就是因为这样而去闹离婚，因为你攻击了对方的老人。

2. 咬住诉求：这也很容易理解。在沟通中，对方很可能在遇到难处和可以回避的时候"打太极"，比如在职场上向领导要求一些待遇的时候，或者在和家庭成员谈判的时候，我们往往一疏忽就被对方转移话题带跑了。当你走出房间，结束沟通时才猛然发现，什么都没有解决，根本不是你要的结果。所以，你一定要随时保持清醒，咬住诉求不放。

比如你本打算和孩子交流一下他上课借同学的手机玩游戏的问题，可是话题刚一开始，就被孩子说"这次考试成绩不错"这件事给转移了注意力，变成了要奖励孩子，最后竟然给孩子也买一部手机。这就是很典型的被他人左右，并成功被改变。在你的思维中"玩手机和影响学习成绩"是唯一沟通诉求，当孩子传递给你的是"成绩提高了"，你的思维被正面信息带走，潜意识里就出现了"玩游戏等于提高成绩"，其实这两者之间没有必然联系，上课玩手机，就是错误行为，是任何理由都无法改变的。

3. 量化指标：不以结果为导向的沟通一般没有实际执行标准，比如你的朋友如果说"好久不见，改天聚聚啊"，这种多半是不会在近期成行的。既然大家很久不见，以后也会很久不见的。但是如果朋友说"明天下午六点半，建国饭店牡丹厅见"，那么这就基本定了。

所以，以结果为导向的要点之一是，要商讨出可以执行的、很具体的、可量化的指标信息。

再比如，你因为孩子考试不及格和孩子沟通，最后孩子说："妈妈你放心，我会努力的。"

你可能就心满意足地去睡觉了，但这是失败的沟通。什么叫努力？努力到什么结果？这是虚的，不是结果。按照我们的要求，必须商定：这次是第37名，在期末考试时，是否可以达到第25名？为此，我们制订怎样的计划？这才是以结果为导向。

今日作业

　　找出一件最近让你比较焦虑不解的事情，试着按照结果导向的思路，在纸上写出当下的情况和你要的结果，再试着思考哪些有效的方法可以为结果所用。

北辰箴言

有句话说，一切不以结婚为目的的谈恋爱都是耍流氓。虽然这话有些调侃的意思，但这就是以结果为导向。放下抱怨，想着我们要什么，当下做的事是为了结果服务吗？

上帝视角：

跳脱"当事人"身份，成功变形"旁观者"

心理学关键词：上帝视角

> 上帝视角乃叙述视角中第三人称视角（第三人称叙述）的别称。
>
> 使用第三人称叙述者如同无所不知的上帝，能够以非现实的方式不受限制地描述任何事物，如在同一地点的不同时间点展开叙述，或是多个角色的心声交替出现。其叙述方式由于没有视角限制，又称上帝视角。

我们通常所说的上帝视角，其实是颇具贬义的，比如斥责某人"站着说话不嫌腰疼"，比如用俯视的口吻说某人："你

们怎么这么幼稚。"貌似有一种唱高调、打官腔，甚至事不关己的感觉。

但我必须说明的是，我们今天讲的是加了引号的上帝视角，目的很简单，当双方关系僵化、协调无望的时候，我希望你能跳出当时的拘泥场景，甚至从当事人的身份中跳脱出来，站在比旁观者更高级一点儿的角度看待问题，也许事情的发展就完全不一样了。

再具体一点儿说，旁观者是站着说话不嫌腰疼，那么你为什么不能站着说话呢？你不妨试着摆脱当局者迷的弱点，让自己换个角度，看清真相。

北辰平时在电台做心理咨询热线节目，发现有一个很有趣的现象，那就是经常听某个听众说："唉，难为你了，这么简单的事情他们也打电话咨询，要是我肯定不会这样。"可是没过多久，当初说这话笑话别人的人，就发生了一件事，自己想不通，打电话来问我了。结果可想而知，可能也会有其他的人笑话他：这么小的事情，也值得打电话到中央台咨询？

你看吧，这很有趣。我们笑话别人的时候，所处的就是上帝视角，觉得这个问题很简单，思路也很清晰。但是当自己遇到问题了，就成了焦灼的剧中人，一切都乱了。

这让我想到了电影中的导演。他可以掌控全局，把握人物，让一切进行得井井有条，所有布景、道具、演员，尽在他眼里，但是如果你让他参与其中一个角色的演出，可能他未必比演员做得好。

还有竞技场外的教练，他可以看到比赛场上发生的所有事情，根据对方的队形变化，给予某个队员精准的指导和对队伍进行战术调整，助力队员拿下冠军。但是让他上场，也许他还不如一个候补队员。

这就说明了一个简单的道理：旁观者的上帝视角最大的功能在于，他可以看清楚问题，然后找出解决问题的方法。而在任何胶着的关系中，主体方想得更多的是自己当时的情绪和得失，是很难静下心来想到方法的。

说到这里，我有必要说一下旁观者视角和我们希望你做到的上帝视角的区别了。

后者更宽容、更高级、更谦和一些。

我们举家庭关系为例。妈妈和孩子因为写作业的事情吵得一塌糊涂，孩子拖拉，母亲愤怒。

这时候一般父亲会出现："孩子小，你慢慢说嘛，我们小时候不也经常这样！"

这时候母亲一般会更为愤怒："你不管孩子，还说这样的风凉话！"

其实，此时父亲所处的角度，就是上帝视角，他不但拥有旁观者看清真相的能力，还有了更宽容、更客观的角度。

父亲说的话无疑是对的，母亲处在事件当中，在焦灼情绪下往往会做出对事情发展没有益处的决定，催促孩子，更多的是和孩子相互发泄情绪，是无法解决问题的。

这时候父亲引导孩子，让孩子先放下学习，去玩一会儿，也就排除了其对写作业本身的抵触，孩子回来之后反而很快把作业写完了。

所以你会发现，我们这里所说的上帝视角，是让人冷静客观地找出解决问题的有效方案的视角。

最后，北辰再给你几个在沟通协调中建立"良性的上帝视角"的方法：

1．假想第三人：如果你处在沟通僵局中，先在脑海中尝试着把自己放在关系中，然后假想自己是第三人，看自己怎么看待和评价这件事。记住，你要对包括自己在内的双方进行客观评价。

2．不带情绪不贴标签：沟通失败大多是情绪和贴标签所致，比如"你很笨""你怎么不听话""你气死我了"之类的话，这些全是毫无意义的发泄，只能让事情变得更糟。上帝视角是微笑的视角，是包容平和地去看待问题。

3．换位思考：也就是心理学经常讲的共情。我们拿刚才的怒气妈妈举例，如果这时候她想到孩子为什么学习效率越来越低，是不是白天在学校太累了，几乎没有玩的时间，对写作业本身有抵触情绪，那让孩子玩一会儿，放松一下再写作业，事情的发展也许就会是另外一种结果了。如果她一心想着自己忙了一天工作，还要陪孩子写作业，孩子还不抓紧写，她心里就只剩下怨怼了。

今日作业

　　找出最近一次你和家人或者朋友沟通失败的案例，像玩游戏一样重新演绎一下，尝试着自己跳脱出来，站在上帝视角上重新审视整个过程，看能否找到不同的解决路径。

北辰箴言

　　你不是我，我也不是你，我们也许无法彼此懂得和体谅，但是当我们真的做到我不是我，你也不是你时，也许事情就简单了。

门槛效应：

如果进了门，离成功就不远了

心理学关键词：门槛效应

在心理学中，门槛效应指的是如果一个人接受了他人的微不足道的一个要求，为了避免认知上的不协调或是想给他人留下前后一致的印象，极有可能接受其更大的要求。关于这个效应的理论是美国社会心理学家弗里德曼与弗雷瑟在试验中提出的。

试验过程是这样的：试验者让助手到两个居民区劝说人们在房前竖一块写有"小心驾驶"的大标语牌。他们在第一个居民区直接向人们提出这个要求，结果遭到很多居民的拒绝，接

如果进了门，离成功就不远了。

受的仅占17％。

而在第二个居民区，试验者先请求居民们在一份赞成安全行驶的请愿书上签字，这是很容易做到的小小要求，几乎所有的被要求者都照办了。试验者在几周后再向这些居民提出竖牌的有关要求，这次的接受者竟占55％。为什么同样是竖牌的要求，却会产生差别这么大的结果呢？

研究者认为，人们拒绝难以做到或违反个人意愿的请求是很自然的，但一个人若是对某种小请求找不到拒绝的理由，就会增加同意这种要求的倾向；而当他被卷入了这项活动的一小部分内容以后，便会产生自己以行动来符合所被要求的事情的各种知觉或态度。

这时如果他拒绝后来的更大要求，自己就会出现认知上的不协调感，而恢复协调的内部压力会支使他继续干下去或给出更多的帮助，并使态度的改变成为持续的过程。运用这个方法来使别人接受自己的要求的现象，心理学上叫作门槛效应。

心理学家查尔迪尼在替慈善机构募捐时，仅仅是附加了一句"哪怕只是一分钱也好"，就多募捐到一倍的钱物。在人们心目中总是有这样一种想法：有足够的能力才能去做某事，要想获得大的成功，就必须有一个比较高的起点。那么事实上是不是如此呢？很显然不是。捐款并不一定要有很多钱，并不是富翁的专利，即便只有一分钱，你同样可以去捐助。

如果你在日常生活中学会运用门槛效应来与人们进行沟通，更易于得到对方的配合与支持。

比如你从老师那里得知孩子期末考试好几门功课没及格，从孩子没进门开始就生闷气，想着如何教训他，那么显而易见，当看见孩子回家那一刻，就是你情绪发作、爆炸的时候。而孩子会瞬间筑起围墙，想好对策，甚至屏蔽你的咆哮。这无疑会是一场失败的沟通。

"你给我过来！还有脸回家！"

"你说，你怎么考成这样？"

"下次能不能都保证及格？"

此时，不管孩子怎样对抗或者屈服，其实心理活动都是这样的：

为什么我没考好就不让我回家？这是要赶我走吗？

我如果能知道为什么考这样，就不会考成这样了！

下次全部及格？我做不到！

结局是以两败俱伤告终。

上述例子中，沟通失败就在于，虽然孩子屈服了，但是竖起了屏障，你们之间没有正向的情感连接，你根本没有迈过孩子心里的门槛，一直被拒之门外。

所以，如果你这样做：

1. 整理一下思路：确定目的，沟通是为了找出原因，为了提高成绩，所以见效就好。

2. 如何迈过门槛：先找到一个目标，如孩子比较容易做到并答应的小要求。

3. 提供解决方案：任何问题的解决最后靠的都是方法，只谈要求是没有意义的。

如果母亲以上述几点为基础来进行沟通，同样的场景可能就会是这样的画风：

进门时："儿子回来了，先洗洗手吃个苹果，一会儿饭就好了！"

儿子的心理活动：我妈居然没骂我！无论怎样，她都是爱我的。

晚饭后："儿子，针对这次的成绩，你有什么想法呀？"

儿子的心理活动：妈妈征求我的意见，我得表态，不能让她失望。

"妈妈，我觉得是我玩手机太多了，决定以后不经常玩游戏了。"

"太棒了，那妈妈和你一起制订一个日程安排，分配好玩和学习的时间，好不好？"

"好的，妈妈。你放心，下次考试，我一定不让你失望！"

这就是成功的引导式教育对话模型。对话中的妈妈其实巧妙地运用了门槛效应，而且第一个要求"减少玩手机游戏的时间"并没有直接提出来，而是通过情感连接，让孩子主动提出来，进而提出提高成绩的"大要求"。

比起直接怒斥并要求孩子短期内达到多高的目标，这种方法更有效。

其实门槛效应也能在生活的各个方面得到运用，这需要我们慢慢去摸索和体验。你可以在与周围的人交往中使用门槛效应，让他人从心底里愿意接受你提出的观点。在实际生活里灵活地用好这个心理学，你就能经由沟通交往，一步步地迈进他人的"心田"，给对方留下亲切友好的印象。

这个心理学效应可以说用途相当广泛。

先来看营销方面：

一个人接受一个小的要求后，往往愿意接受一个更大的要求，推销员就常常使用这种技巧来说服顾客购买他的商品。通常成功的推销员不会直接向顾客推销自己的商品，而是提出一个人们一般都能够或者乐意接受的小要求，最终一步步地达成自己推销的目的。

其实对推销员来讲最困难的并非推销商品本身，而是如何开始这第一步。

比如我们经常听到店员说："女士，我们上了很多新货品。您买不买没关系，我们特别邀请了名模展示，您进来看一看。"

当你被一名推销员请到店里，可以说他的推销已经成功一半了，即使你开始并不想买他的账，仅仅是想看看表演。有时我们会发现这的确是一个达到自己的目标的好办法，尤其是用于和不太熟悉的人打交道的时候，偶尔使用一次成功率还是挺高的。

现在新开的一些城市综合体，很亲民，广场上有儿童游乐设施供小朋友玩耍，夹娃娃机、KTV 自助点唱机给情侣使用，孩子们也可以打游戏，围着一个小小的喷泉池玩水，每隔一段距离，还有休息椅、饮水机。商场里面也会有比较大的儿童活动区、书店、母婴休息室，以及各种咖啡店、奶茶店、甜品店可供人休息，还配有电影院、玩具店、超市。

商场让人先乐于逗留，买不买在其次，人逗留久了，自然就愿意在里面转悠，消费更是水到渠成的事了。

在员工管理方面的应用：

在要求别人或者下属做某件较难的事情而又担心他不愿意做时，你可以先向他提出做一件类似的较小的事情的要求。同样，对一个新人，上级不要一下子对他们提出过高的要求，先提出一个比过去稍有难度的小要求，当他们达到这个要求后，再通过鼓励，逐步向其提出更高的要求，这样员工容易接受，预期目标也容易实现。不过你要记住，有的时候还是要看住自己的"门槛"，该拒绝的时候一定要拒绝。

比如："小王，我们可以尝试着把某集团的子公司发展成为我们的客户，通过这个渠道，再把我们的服务打入集团总公司。"

在婚恋交友方面的应用：

一位男士遇到令自己心动的女孩子，如果马上直截了当地要与对方结为夫妻，共度一生，恐怕女孩子会在惊讶之余，对其避之唯恐不及。大多数男士会邀请她一起吃饭、看电影、逛公园，在这些小要求实现之后，才顺理成章地向其求婚。

最后，我想特别提醒你，很多事情的作用是双向的，你在用门槛效应的同时，别人也在用。当别人说出这句话时：

"能帮我一个小忙吗？"你就要注意了，很有可能你已经被套路了。

我在这里给出几个防止被门槛效应套路的小技巧：

1. 牢记内心诉求：通俗地说，你要知道你是来干吗的，终极目的是什么。比如你是去买日用品的，那么面对服装店员的诱惑，就果断拒绝，"逛逛"就是消费套路。所以，牢记终极目的是王道。

2. 切勿贪占便宜：俗话说，天下没有免费的午餐，爱占便宜的你，一定经常被门槛效应套路。日常生活中，很多人并没有买保险的需求，但是因为没有果断拒绝，结果被保险销售员以"我们公司有免费讲座，还准备了精致的下午茶"为诱饵，被成功地说服，买了保险。

3. 学会共情思考：套路和反套路是把双刃剑的对立两面，人生处处都在博弈，在对方提出要求的时候，你要先换位思考，预测一下后面的提出大要求的可能性，心里提前有个底线，保持清醒。

今日作业

　　使用门槛效应去解决一个生活中的问题吧，比如丈夫从不参与做家务。

北辰箴言

　　一个帮你一次的人，更愿意帮你第二次；一个答应你的小要求的人，更可能答应你的更大的要求。如何和人发生最初的情感连接，很重要。

人际期望递增效应：

是你的忍让造成了别人的习以为常

心理学关键词：人际期望递增效应

心理学上有一个很著名的人际期望递增效应。人为什么会对不公平习以为常？

为什么父母和领导对自己要求很高，对那个不优秀的人却很宽容呢？

还有，如果一个人一直做好事，最后做了一件坏事，人们对他的评价更趋向于负面；如果一个人一直玩世不恭，时常做坏事，当他做了一件好事，人们对他的评价趋向于正面。为什么？这就是人际期望递增效应。

我还是先来讲一个案例。

我多次在演讲和课程里讲到一个桃子的故事：一个妻子给我打电话，泪流满面地诉说自己的委屈。在北方的冬天，她下班回家遇到了卖桃子的人，想着孩子、老公特别喜欢吃桃子，于是就咬咬牙买了反季水果，一百块三个水灵灵的大桃子，回家洗好了给儿子、老公和婆婆每人一个，自己换了衣服又马不停蹄地开始在厨房做饭。在整个过程中，她听着身后客厅里三人边吃桃子边说笑的热闹声音，忽然就觉得悲从中来，居然没有一个人让她尝一口桃子。直到她听到三个桃核相继被扔进垃圾桶的声音，终于崩溃了，于是夺门而出，找我倾诉。

女人说，他们是一家人，而她是外人，那种感觉特别强烈。

我只送了她两个字：活该。

为什么呢？很简单，当她只买三个桃子的时候，就已经把自己排除到了家庭以外，把自己当局外人。不是一家人的感觉是她自己造成的，而且完全可以推测出来，以前很多时候，她也是这样做的。

女人觉得全家都开心，自己就开心，全家人都吃了，比自己吃还得劲儿。

可是请问，事实上她心里真的是这么想的吗？时间久了，所有人都习惯了她的付出，并习以为常后，她还会舒服吗？她是真的无怨无悔吗？

当你指责你身边的人不懂感恩、不珍惜你的付出的时候，想过为什么吗？是他们很坏？我看未必。

道理也不复杂，因为印象已经形成，人们已经给你贴上了一个标签，比如案例中的妈妈，就是一个凡事想着家里人，自己不吃不用的人。

我们试想一下，以前可能有孩子给妈妈吃东西的情况，妈妈也一定是说："我不吃，宝宝吃。"

老公和婆婆可能也有过类似谦让的时候，但是你一直拒绝这份好意，时间久了，别人就有了固定印象，因为这样的谦让是无意义的，他们就习惯性地跳到结果，那就是你不会吃的。

所以，你就懂得了，这些是自己的自我设定造成的，你的自我设定就是付出，就是以家人的快乐为自己的快乐，那么结果也就演变成了现在的样子。

案例：

说到这里还有一个故事。

孩子放学回到家里，开门就喊饿了，然后看到妈妈在沙发上躺着，生气地责怪："妈，都几点了，你居然还不做饭，我都饿死了！"

可是那一天妈妈发高烧，实在爬不起来。

后来爸爸回来了，从不下厨房的他做了一碗面给儿子，结果儿子连续好几天一直念叨："还是我爸好。"

做妈妈的做了无数顿饭，没有获得儿子的感激，而爸爸只做了一次面条，就被儿子记住很久。

这个故事再次诠释了这个人际期望递增效应。

好了，案例和道理都讲完了，我们说说该怎么做自我设定。

首先，你得知道自己到底想要什么。很简单，做自己无怨无悔的事情。如果你设定的就是以别人的快乐为快乐，甘愿付出，那么就请快乐地付出，不能抱怨。

如果你希望别人懂得感恩，那么就应该告诉别人你的需求，并且培养他们的这种意识。说回案例，当家人谦让的时候，你绝不能永远拒绝，尤其是对孩子，要学会接受，从而告诉他们，你一样需要爱和关注，一样是这个家庭的一员，有资格和他们一起分享一切事物。

其次，自我设定要合理化、标签化。不仅仅在家庭中，包括在职场上也一样，能让你印象深刻并记忆犹新的一定是那个可以瞬间标签化的人。那么标签是什么？就是一个成熟的自我设定，这个自我设定是源于你对自己的了解的评估，并加上自己的意图。比如你技术一流，就可以向着"技术扛把子"这个标签去经营自己；比如你饱读诗书，在家里就是"最有文化的人"。这种无论是社会还是家庭角色的设定，都是自己想要的样子。

再次，自我设定要根据环境改变。最高的情商就是知道在什么场合如何说话做事。我们自我设定的角色，也是有特定环境归属和限制的。比如，你在本单位成为"技术扛把子"，不代表在整个行业也是；比如，你在家里是"最有文化的人"，不代表你在单位或者其他社群也是。所以，自我设定要有多个环境角色的区分，也可以有多个自我标签。比如，在家里，你是最温柔的妻子；在单位，你是雷厉风行的管理者；在同学中，你是学霸；在闺密那里，你是无话不说的知己。这种移动变化的人设，不但丰富你的形象，也是你社交的法宝。

那么，如何防止他人因为人际期望递增效应而不懂感恩。习以为常的情况呢？下面我给出几个应用秘籍：

1. 减少无偿服务：服务和帮助本身就是有价值的，成人社会是现实的，因此我们有给予别人帮助的义务，但不是教育别人索取，而是感恩和付出。轻易不要免费服务和提供帮助，当然，专门做慈善和公益除外。

2. 帮助值得帮助的人：这是我们的古语，是有道理的。很多人穷，是因为不努力，甘愿平庸，甚至习惯了伸手接受救助，所以爱心不能泛滥，更不允许被践踏——对经受灾难、危急时刻、不可抗的损失的人等，我们当然可以倾囊相助——总之要帮值得帮助的人。

3. 让付出看到回报：很多"鸡汤"说，付出不需要回报，他可能对回报这个词有什么误解。其实每一份付出都是需要回报的，这种回报可能不是等价交换，也不拘泥于形式。就像资助贫困生，我们自然希望他能努力学习，将来成为栋梁；比如天天给花浇水，你当然希望花开，这就是一种你期待的回报。所以，我们提倡正向意义的回报，并提倡在付出时就该提出来。

4. 拒绝讨好型人格：很多人不好意思拒绝别人，就把自己逼成了讨好型人格，不但委屈自己，还可能让别人得寸进尺，形成恶性循环。所以，做让自己开心的决定，坚持自己的底线和原则，这样你才能彻底拒绝无休止地被利用、被道德绑架。

今日作业

　　尝试做一次你纠结很久的拒绝，放下面子，遵从内心地做一次选择。

北辰箴言

　　自己是什么人才会遇到什么人，别人眼中的自己，源于自己曾经的定位和努力。对别人的要求，你当然有权拒绝，当然可以选择做自己心甘情愿的决定。

淬火效应：

适度的连接是处理关系的秘籍

心理学关键词：淬火效应

金属工件加热到一定温度后，浸入冷却剂（油、水等）中，经过冷却处理，工件的性能更好、更稳定。对长期受表扬头脑有些发热的学生，我们不妨给他设置一点儿小小的障碍，施以"挫折教育"，几经锻炼，其心理会更趋成熟，心理承受能力会更强。对麻烦事或者已经激化的矛盾，我们不妨采用"冷处理"的方式，放一段时间，思考会更周全，办法会更稳妥。

今天我们说说情感连接这个话题：我们这一板块聊的是和谐关系，谈到关系，那么一切出发点都需要以情感连接为路径，失去相关连接就是个人行为，谈不上关系了，更谈不上和谐。

我们的感情需要降温！

连接，也就是找一个通道和桥梁，或者说你们的共同点就是心理学上说的共情能力，这是打开彼此连接的最佳通道。

情感连接，就是通过分享感情和感觉与他人建立远超生理层面的感觉的联系。

连接不是与生俱来的，一定是积累后的水到渠成，所以你可以把它理解为情感储蓄，或者用心经营后的状态。

　　即便是在最亲密的关系里，依然如此。很多时候，我们总是忽略掉了这个一般条件，结果出了问题，还得重新做情感连接。我们经常发生的争执、背叛、误会、冲突，其实大多是由于情感连接断裂，导致鸡同鸭讲，对牛弹琴。这一点在沟通上显得尤为突出。

　　我们来听案例：

　　严同学和男友异地恋，两人年初在老家相亲认识的，相处几日，各奔东西，后来一直是微信、电话联系。男方家里说，可以考虑一下结婚的事情了，今年过年回家就订婚，两人也都老大不小了。小严断然拒绝了，这一年两人就见了一次面，相处不过三天，其他时间忙起来可能半个月没联系，怎么就谈婚论嫁了？

　　你看，这就是最简单的没有情感连接的例子。感情升温，不仅仅是靠时间。

　　说到这里我们来深入剖析一下情感连接的几个层次：初级连接、中级连接和高级连接。

　　如果你们处在初级连接阶段，就不能做高级连接的事。比如你和男神刚认识不久就找男神表白，暗恋对方半年无信号暗示，突然找对方表白等行为。

　　因为这时候的你们只处于一种初级连接的状态。案例中的小严和男友虽然认识一年，但是疏于联络，也仅仅处在初级连接阶段。

而表白或确定关系是高级连接该做的事，你想过对方是否了解你吗？连接必须是相互的，如果只有你连接了他，他没有连接你，这就是一个失败的情感连接。

所以，初级连接也叫"搜集资料"。

我们在刚认识对方时，会尽一切努力去了解对方的情况，比如了解他的工作、基本信息、他是个什么样的人、有什么爱好、爱吃什么、不吃什么等。

我们会尽可能地搜集关于他的资料，使这个人在我们脑海中的印象逐渐清晰化，因此我们也会更加了解对方。接着，我们需要往中级连接推进。

中级连接也叫"试图联系"。

就是说，我们试着将自己与对方联系起来。

搜集资料只能让你更了解对方，但他还是他，你还是你，想要你们之间产生关系，只有通过联系才能让关系进阶。

比如，男人的爱好是美食，你可以用美食和他联系起来。

"我和你说，你不是北方人吗，我发现一个超级好吃的面馆，那个面的口感特别筋道。"

这就是最直白的想和对方建立中级连续表达，因为你说到了对方的兴趣点。你可以把建立中级连接的方式定义为投其所好，所以它的前提一定是你了解了他的喜好，也就是完成了"搜集资料"。

当我们处于中级阶段一段时间后，就会想和对方确定关系，虽然你们在中级连接上互相很有好感，都喜欢对方，但是就差"临门一脚"了，这一脚就是高级连接。

高级连接也叫"沸点升华"。

这是关系突破的重点，即需要让关系提升到一个沸点。

那这个沸点是什么呢？就是意识相似性和需求互补性。

意识相似性：你就像是这个世界上的另一个我。

需求互补性：你想要的一切我正好都有。

刺激情绪与达到共鸣，是拿下对方的最后一步。

最好的关系一定是你对我有意义，否则我为什么要和你连接呢?

要么志同道合，你和我很像。人都有源于心底的自恋，很多人找爱人是找一个比自己更爱自己的人。

或者你有的特点是我没有的，你可以补足我，至少是满足我的好奇心和探究另一个世界的愿望。

当两个人产生真正的情感连接时，你对他的情感就会发生微妙的变化。

当我们制造情感连接时，有一点十分重要，那就是我们不要去展示太多情感，因为我们展示的情感质量比数量重要。同样，在制造情感连接时，男人要倾听女人说的话，因为潜台词和声调也十分重要。

为什么异地恋很难维持？

就是因为大多数情侣彼此的联系感比较弱。"我需要你的时候你又不在"，是不是我们常常听到女朋友这么说？这就是安全感与可得性的问题。

比如说你养一条小狗几年了，每一天都喂它狗食，给它洗澡，给它修剪狗毛，带它出去玩，你去哪儿它就去哪儿。可是有一天它突然生病死掉了，你会非常伤心，难过痛苦，甚至为小狗茶不思饭不想。

为什么呢？

那就是我们在整个过程中付出了自己的时间和情感，所以它突然离去你会很不舍得，会伤心。

说回案例，小严和男友应该怎么突破，建立连接？

1. 持续跟对方联系。

你要让对方感觉到你的存在，你重视他。我们都知道人有依赖性，对没有得到的东西都不会在意，但是对得到的东西一下子让他割舍那他会很不习惯。所以一个人养成一个坏习惯是非常可怕的。

你每天都去找女生聊天，持续聊了一个礼拜，突然有一天你不再聊天了，那么她肯定会来找你聊天。因为你们在整个过程中建立了联系感，这种联系感本身就是一种情感连接，当有一天这种联系感不见了，她就会感觉不舒适。

就好比每天有个人跟你说晚安，连续讲了一个月，忽然有一天他不跟你说了，这时候你会不会想他，肯定会对吧？

2. 我们要跟对方产生共鸣。

交朋友、谈恋爱的时候能跟我们迅速聊上话题并且"三观"一致的人，我们都能很快信任他并且打破谈话的僵局。为什么？因为我们有共同处。这种共同处使我们更加舒适、更加安全，更容易了解对方。当我们跟女生在一起的时候，更多的是要了解女生喜欢的话题，喜欢玩的地方。

你和对方聊对方比较喜欢的话题，这样更容易产生共鸣。产生共鸣之后能更快速地建立情感连接。

3. 多关怀她们。

女人是情感动物，感情非常细腻。平时你可以像个大男人一样，但你也要多关心她，给她温暖，给她信心。

她过生日的时候送她一份意外的惊喜，带她去看她想看的电影，去她想去的地方，她生病的时候推掉所有的事在她身边照顾她，这些都会令她们感动。

4. 给她们情绪价值。

比如你表现得风趣幽默，能够让她开心。还要有足够的时间和耐心，最后需要你坚持付出时间和真心。女生到了结婚的年龄更希望找一个能够陪伴的人，大多数的女生没有安全感，陪伴才能长情，两个人的感情才会更好。

最后我再说一个很重要的防止你走极端的观点。

一说到情感连接，大家自然会想到温度，事实上，正确的连接不仅仅是一味地增加温度，也包括用方法降温，加与减，保持一个平衡和合理的度，不烧灼，不怠慢，不习以为常。

举个例子你就懂了，比如我们想和正觉得自己很委屈的人建立连接，如果你是哄劝，对方就会哭得越来越严重，小孩子尤其是这样。这就是加温，而此时你应该做的是降温。

比如当你看见低垂着头的爱人，要轻轻地对他说："你遇到这样的事，心里一定很憋屈吧？"而不是"谁欺负你了，真不是东西！"

这样一份理解，会让任何一个人心里一下子得到安慰，他明白在这样的经历中，内心的难过是被允许的，在你这里释放情感是安全的。这就是恰如其分的连接。

自然，他的心会与你的心贴得更近。一个无法去理解别人感受的人，往往是自己的人生经历不够，无法明白对方的感受。共情的表达，简单一句话就是："我懂你的不容易。"

今日作业

　　你需要丈夫帮你完成一件事情，尝试一下换一种与他有情感连接的表达方式。

北辰箴言

　　爱一个人，做一桌好饭只是形式，这之下的情感连接，才是人内心深处的真正温暖所在。你让他做的事，和他有什么关系？于他意义何在？这是终极思考。

第六章

励志篇

提升幸福力

改变你一生的30个心理学效应

木桶效应：

成功与否不取决于你的长处有多长，而是短处有多短

心理学关键词：木桶效应

在心理学上，有一个木桶定律，是讲一只水桶能装多少水取决于它最短的那块木板。一只木桶想盛满水，必须每块木板一样平齐且无破损，如果这只桶的木板中有一块较短或者某块木板下面有破洞，这只桶就无法盛满水。一只木桶能盛多少水，并不取决于最长的那块木板有多长，而是取决于最短的那块木板有多短。

我们每个人都不是完美的，长板短板始终存在，如何扬长避短，看到长处，不回避短处，才是硬道理。

我们经常在吵架的时候说这样一句话：为什么你做不到的事情，你要要求我去做？

这似乎是一句很有道理的话，己所不欲勿施于人嘛。

但是你仔细想想貌似哪里又不对劲。今天北辰就来批判一下这个观点：我做不到，但是我知道这个事情是对的，就不能要求你了吗？请大家仔细想一下以下问题。

场景一：我要求你的我可能做不到。

拿我自己举例。笔者在电台做了二十多年的心理咨询节目，家庭、情感、职场，甚至投资、理财，无数问题接踵而至。听众诧异：你怎么都有解决方案，都有方法？那么你的生活中是不是不会遇到任何困惑，没有烦恼？这可能吗？当然不可能，我的烦恼总数不会比你们少，可能只是类型、程度不同罢了。这里我告诉大家一个秘密：马云的烦恼一点儿不比你的少。老天爷是公平的，每一个人的烦恼只是分布的方向不同，存在的时间点、位置不同。

还有人问我：你告诉我们的事你都能做到吗？我也坦诚地说，可能很多事我做不到。

比如不能熬夜。我一定希望你告别慢性自杀，但是我确实没有做到。

这里就有个体差异和需要区别对待的问题。我的工作时间绝大多数是在晚上，直播后到家里就接近零点，洗漱后躺下可能就一点了。这也是今年我辞去了中央人民广播电台我最爱的《千里共良宵》节目主持人的原因，那个节目是零点到两点播的。这说明为了践行承诺，我也在努力舍弃一些东西。

但是你不能因此否认不要熬夜是正确的，是对我们有益的。有时候我确实做不到这点，但是你做到了，你就赢了。

场景二：我没做到的，所以才希望你做到。

父母要求孩子，一定要好好学习，要读书，否则会如何如何。

孩子反问："那你们小时候学习也不好，也没上大学，凭什么要求我？凭什么说我长大了就没工作、没老婆，生存不了呢？你们不是也有工作，结婚了，也生活得挺好吗？"

很多家长被类似的问题问得哑口无言，不知怎么回应。

其实很简单，家长可以告诉孩子：正因为爸爸妈妈从小没有听爷爷奶奶的话，所以在成长路上，比别人付出了更多的辛苦，花了更多时间，在其他方面努力、用力，甚至付出更大的代价。读书不是成功的唯一路径，但一定是捷径。

同理，我们没做到，但是不希望你走我们的路。你做到了，会生活得更轻松，过得更好。

场景三：我做到的，不一定你也要做到。

我的听友小娟的父母有洁癖，她从小在耳濡目染之下也就极其爱干净。结婚后，小娟发现丈夫大林不是每天洗澡，因为这个事情两人每天都在争吵，还有摆放物品不规矩、乱扔东西、不是每天换袜子等，以至于定性为三观不合无法容忍。我通过沟通了解发现，其实大林的情况属于大多数男人的通病，也并不是多大的问题，只是对比有洁癖的妻子，显得就是问题了。事实上，大多数的洁癖人士有一点儿强迫症倾向，如果大林也挑剔下去的话，可能也会发现小娟有很多过分的地方。比如买来的床垫和沙发都不拆塑料包装，理由是怕弄脏，这就是让人无法忍受的；比如边做饭边擦炉具，有好几次手被锅烫到，还是乐此不疲。你看，当我们不知道差别对待、去差异化处理的时候，眼里就把对方和自己的不同变成了眼中钉肉中刺，甚至不断强化它，造成更大的心结。

还有一种情况，来自男女不同的本质差异：

男人和女人无论是在生理上还是心理上，无论是在语言上还是情感上，都是大不相同的。

详细了解我们的不同有助于我们理解异性，解决正遭遇的挫折，预防误会的产生。当你记得配偶是从不同星球来的不一样的人时，你就会放松自己去配合他，而不会反驳他或试图改变他。

1. 男人重视能力，女人重视关系

男人重视力量、能力、效率与成就，喜欢自己解决问题、完成目标，因为独自完成这些事情证明了他们的能力，让他们感到满足。真的需要帮忙时，他们会主动找他们尊敬的人来讨论，对方会因有此机会而觉得荣耀，会在倾听之后提供宝贵的建议。向男人提供他们不主动请求的建议，等于否认他们的能力。

女人重视爱、沟通、美与关系。她们喜欢分享个人感觉，通过表达她们的爱意、关心、体贴来建立和培养关系，从而获得满足感。女人是靠谈论问题获取亲密关系，而不是依靠解答。

2. 男人通过解决问题解压，女人通过谈论问题解压

男女最大的不同在于他们如何处理压力。男人面对压力会越来越集中注意力，变得孤立；女人面对压力会越来越不知所措、情绪化，往往通过谈论问题让自己感觉舒服。

3. 男人的动力来自被需要，女人的动力来自被珍爱

当男人觉得被需要时，会被鼓舞而充满动力。当他在关系中觉得没有被需要时，通常会沉默、缺乏动力，日复一日，越来越无法在关系中当个给予者。反过来说，若他觉得她对他既十分信任，又能满意他为她做的事，感激他的努力，他会充满动力，给予更多。

女人觉得被珍爱时，会被鼓舞而充满动力。当她觉得在关系中没有被珍爱，她负的责任变成强迫的时候，会因付出太多而觉得精疲力竭。反过来说，若她感到被在乎与尊重，会很满足并给予更多。

4. 男人喜欢描述事实，女人喜欢表达感觉

男女在使用同样的语言时，很少是指同样的意思。譬如，女人说："我觉得你从来没有听我说话。""从来没有"这样的字眼，女人并不真的当一回事，只是用来表达她当时的挫折感。女人采取多种语言——最严重的表述、隐喻和概念化的诗一般的——来表达她们的感觉。

5. 男人和女人有不同的情感需求

男女都有六种同等重要的爱情需求，男人基本上需要信任、接纳、欣赏、崇拜、认可和鼓励，女人基本上需要关爱、理解、尊重、忠诚、体贴和安全感。你充分了解了这十二种不同的爱，才能担负寻找伴侣需求的重大工作。

明白他和你不一样，并了解和接受这种不一样，学会"区别对待"，你就不会那么累了。

最后，我想说，任何关系中，你都可能被区别对待。那是正常的，一碗水端平是不可能的，一切取决于自己的价值和功能，接受不平等才是平等，接受不完美也才是完美。

今日作业

　　尝试把你的微信好友分门别类吧，如：亲人、挚友、同学、客户。按照你的需要做一次清理，你就会清理至少一半的准"陌生人"。

北辰箴言

朋友分等级，亲情有远近，不要回避事实。我们就是要全心全意地对待值得的人，有时候绝不"一视同仁"才是真正的公平。

破窗效应：

有些事情一旦开始，便一发不可收拾

心理学关键词：破窗效应

在 1969 年，美国斯坦福大学的心理学家菲利普·津巴多进行了一项试验。

他找来两辆一模一样的汽车，然后停放在不同的地方，一辆车停在加州帕洛阿尔托的中产阶级社区，另一辆停在相对杂乱的纽约布朗克斯区。

他将停在布朗克斯区的那辆车的车牌摘掉，顶棚也给打开了，结果当天就被人给偷走了。

而帕洛阿尔托中产阶级社区里的那辆车，放在那里一个星期也没有被偷走。

但接下来发生的事情就很有趣了。菲利普·津巴多用锤子将这辆车的玻璃敲了一个大洞，结果仅仅过去几个小时，这辆车就不见了。在这项试验的基础上，政治学家威尔逊和犯罪学家凯琳提出了"破窗效应"的理论。

开始了，就停不下来。

如果有人打坏了一幢建筑物的窗户的玻璃，这扇窗户得不到及时的维修的话，那么就会有更多的玻璃被打坏。原因就在于这扇破掉的窗户容易给别人带来一种示范性的纵容。很多犯罪案件的发生都是这么形成的。

这是一个非常普遍的现象，大多数人在经历这样的轨迹：

年初时踌躇满志，斗志昂扬，全年在混吃等死；间歇性努力一把，到了年末便悔不当初。

问题出在什么地方呢？

这其实不难总结：很多人之所以总是打自己的脸，最大的原因就是自律性不够。

破窗效应这个理论与自律，与我们的成长，其实有着千丝万缕的联系，甚至可以说，对我们的人生有着至关重要的影响。

你混得不好，可能源于破窗效应。

这理论其实是非常容易理解的，我举一个很生活化的例子。

原本很干净的楼道，但若是有人将一包垃圾扔在角落里，且不及时清理掉的话，那么就会有两包、三包的垃圾放过来。

最后这个角落就可能变成一个垃圾堆，久而久之，整个楼道可能都脏兮兮的。

这就是破窗效应：起先只是一个小问题，但如果不及时修正，问题就会越来越大，越来越多，继而引发一系列更为严重的后果。

我之所以说这个理论和自律与成长有莫大的联系，原因就在此。

比如说减肥这个问题，今天因为太累了，不想跑步，明天又因为太忙了，也不去跑步，久而久之，你就会彻底放弃减肥了，大有一种破罐子破摔的状态或意味。

事业上的成功与否也是这样的规律，你今天偷懒一下，明天也偷懒一下，虽然看上去没什么大不了的，但长此以往，你就会彻底成为一个不努力的人，甚至很可能自暴自弃。

有句话叫："你怎么过一天，就怎么过一生。"

细细品味，这话是很有道理的。

放纵、懈怠一天，就相当于打破一个小洞，如果你对此意识不到严重性，不及时收敛的话，那么你的人生就会出现越来越多的破洞，最后便会千疮百孔。

"勿以恶小而为之，勿以善小而不为。"这是刘备临终前对儿子阿斗讲的一句话，后来也成了争相传诵的名言。很多人混得不好，往往就源于"破窗效应"，他们大多经历着这样的过程。

别让"破窗效应"毁掉你的人生。

实际上，"破窗理论"是广泛存在于各种问题中的。

比如说企业管理，人事之所以要对迟到早退进行考勤，目的就是让大家明白这是条不可触碰的红线。

我们做一个这样的设想：

如果张三迟到没人管，李四迟到也没人管，虽然这只是两个人的行为，但次数多了，就会有越来越多的人上班迟到，整个团队就会变得特别散漫。

所以，设立严格的考勤奖惩制度，这看似很普通的一项措施，往往能很好地避免这种坏局面的出现。

我讲一个真实的故事。

在20世纪80年代，纽约地铁管理混乱，是全市犯罪率最高的地方，这导致很多人不敢坐地铁，到了80年代末，乘客的数量降到了历史最低值。

后来，纽约交通局聘请了戴维·岗思为地铁运营总监。他上任之后，将大部分的精力放在了清理地铁站里那些混乱肮脏的涂鸦上。

他不仅使用了新的清除油漆技术，还配置了大量清洁人员，一些涂鸦的人晚上刚画完，第二天早上就被清洗掉了。

戴维·岗思规定，被涂鸦的地铁站不洗干净，不准运营。

几年后，戴维·岗思的继任者继续着这种"抓小事"的方法，集中精力整治了地铁逃票的现象，配置了大量便衣警察，抓住一个逃票的人，就铐上手铐。

20世纪90年代中期，纽约地铁的情况开始有了好转，到了90年代末，这里的犯罪率比十年前下降了75%，成为全美最安全的地铁线之一。

　　将这些小问题解决好了，往往就能从本质上解决棘手的大问题。

　　人生其实也是如此。

　　如果不想人生破败不堪、千疮百孔的话，那么我们首先要做的就是及时将被打破的窗户修好。

　　也就是说，我们要从小事抓起，不能纵容自己身上的一些小毛病、坏习惯，发现问题要及时修正，这其实就是在"补洞"。

　　"破窗效应"最早被归属到犯罪心理学的领域，今天我想用在被中国人称为"顽症"的婆媳关系上。

　　婆媳关系，有人可能一听就头疼，说这问题没的聊，无解。

　　我以前也这么认为，后来不经意间，我发现了其中的一个奥秘，于是这个千古难题就迎刃而解了。

　　来，我们先咬文嚼字地看看"婆媳"二字的结构：

　　婆婆的婆字：波加女，制造风波的女人。

　　儿媳的媳字：息加女，平息风波的女人。

　　看到这里你也许会哑然一笑，悟出一些道理。字是古人发明的，多聪明，暗藏玄机有没有？

　　在封建社会里，我们都知道，婆婆的地位是至高无上的，鸡叫儿媳起，端茶婆屋里。你还敢跟我争吵，闹矛盾？差着辈分呢！所以从字面上看，婆婆大多是挑起矛盾或者强势的人，儿媳妇受委屈大多忍气吞声，不敢声张。

时代进步了，我们当然不是鼓吹回到旧社会，让你受婆婆的气，但是其他都可以变，也都变了、进步了，有一点是永远不会变的，也不应该变，那就是辈分！

这是我抛出的第一个观点：婆媳关系紧张，很多时候是忽略了辈分。

这可不仅仅是说儿媳妇，老人也一样，概括地说就是：婆婆没有长辈的样子，儿媳没有晚辈的样子。

很多儿媳跟婆婆理论、争吵，那架势完全就像和一个闺密闹一样，忘了自己的身份、辈分，面红耳赤，甚至有的大打出手，不知多丢人。这样的人醒醒吧，去照照镜子，看看自己的样子。

当然我们说了，事情是双面的，很多婆婆没有一个好的表率，脏话连篇，为老不尊，时间久了，等于自己磨灭了自己的地位和辈分。你都不尊重自己，谁还尊重你呢？

有很多因为年代不同带来的思维观念、行为方式的不同，所以大家更要记得自己的身份、年龄，不能全然按照自己的标准和想法去要求别人。婆婆想省钱，儿媳就觉得抠门；儿媳买个一万块钱的包，婆婆就喋喋不休……这都不对。

"破窗理论"体现的是细节对人的暗示效果。你认为婆熄矛盾是不可调和的矛盾，那么就永远不可调和了；你认为和别人自古是冤家，那么就没办法成亲人了。有的人因为和别人发生了矛盾就觉得反正也撕破脸了，就这样吧，这样的心态是要不得的。

最重要的是：谁也不要先打破这扇窗。

大家相敬如宾，长幼有序，知道自己的身份，并维护一份客气和谦让，就是守护这扇窗！

今日作业

说出一个你陷入破窗效应的坏习惯，试试用 21 天的时间养成一个逆转的新习惯。

北辰箴言

轻易不要做那个突破底线的人，也不要允许自己第一次的放纵和懈怠，因为很可能一发不可收拾，就此全面沦陷

花盆效应：

不走出舒适区，永远不知道外面更舒服

心理学关键词：花盆效应

花盆效应又称局部生境效应。花盆是一个半人工、半自然的小生境。首先，它在空间上有很大的局限性；其次，由于人为地创造出非常适宜的环境条件，在一段时间内，作物和花卉可以长得很好，但一离开人的精心照料，作物和花卉经不起温度的变化，更经不起风吹雨打。在教育生态中，花盆效应表现得尤为明显：人如果在舒适的"花盆"中待久了，就容易不思进取、安于现状。如果你天天被禁锢在自己的小圈子里，沉溺在自己的舒适区中不能自拔，选择过分安逸，就会丧失斗志；如果

丧失了斗志，生活就会越来越闲；如果越来越闲，最终就会和别人拉开一大截差距。

你已进入死循环

我先来讲个故事：

董女士出身书香门第，高考时是地区状元，大学里和一个其貌不扬的寒门学子谈恋爱，开始家里不同意两人在一起，但抵不过两人的坚持，毕业后两人就结婚了。婚后小董备受宠爱，由于家境优渥，毕业后几乎没怎么工作，有了小孩后，就做全职太太，在家里照顾孩子，偶尔去购物、打麻将，过着闲散的生活。丈夫全力拼事业，在公司里做了三年管理后，辞职自己创业，朋友众多，前景光明。小董说这两年明显感觉丈夫对自己的态度变化很大，原来对她百依百顺的他现在经常和她争执，很多时候回家很晚，即便回来也是三缄其口，两人几乎没有交流。

你也许不难发现，这就是很典型的个人成长不同步，导致出现了巨大的连接障碍和情感隐患。

其实人类的各种关系都是同频连接的过程，爱的连接让我们从陌生走向亲密，但是能走多远，要看彼此是否依然能同步、协调。这如同走路，本来大家都是踽踽独行，半路出现一个人，和你志同道合，路径相同，于是两人发生连接，走到一起，但是接下来能走多远、多久，就要看个人的成长速度和方向了。你若向左，我若向右，或者你一路奔跑，我原地不动，两人的感情是无论如何都难以为继的，牵着的手自然会松开。

这就是案例中问题的关键所在，他可以宠你一时，但是无法宠你一世；他深爱的是当时的你，并非现在的你。我们的个人资本是要自己不断累积和填充的，好比给汽车加油、维修，甚至保养，不懂自我成长的人，个人魅力会逐渐消减，最后导致无法和别人匹配，从而被抛弃。

案例中的小董占尽了先机，前半程一直跑在前面，丈夫一出现，就变成了崇拜模式的情感导向，但对方在倾慕中发力、追逐，以至于和小董并驾齐驱，那就是亲密关系的开始。但是小董没有继续经营自己，没有成长，就等于一直站在原地——甚至后退——而丈夫继续发力，不断奔跑，目标清晰，提升很快，两人的距离自然就越来越远，以至于最后两人之间失去共同语言，甚至目标变得不同。

交流几次后，董女士恍然大悟，自己确实一直自以为是地有着谜一般的安全感，误以为自己永远高高在上，忽略自我成长，导致丈夫已经远远把自己抛在身后，自己望尘莫及。

在我和董女士交流的过程中，我还发现，她缺少欲望，更谈不上斗志，没有目标，甚至反应滞后，对外界不敏感，思维也很缓慢。这就是成长停滞造成的典型特征。

既然我们知道了自我成长的重要性，那么就来谈谈自我成长的两个重要方面。

1. 放下固有优势与习惯。你以为的安稳，可能有隐患。人要时刻对自己当下所处的环境有一个清醒的认知，不偏不倚，居安思危。你的优势可能也是你的劣势，你以为舒服的习惯也可能是使你逐步贬值的弊端。

2. 重新梳理价值观。人在一个圈层里浸染多时，就会逐流，被水波带入。如果你没有广阔的视野、辽远的格局，就会一叶障目。也许外面的世界比你想的精彩，舒适区外更舒服。

日本吉田行宏社长在《如何实现自我成长》中提到："把

阻碍你的力量消除才能实现自我提升"，"把会扼杀你的成长可能性的阻力拿掉"。你只要做到这两点，成长就会在短期内有质的飞跃。为什么呢？

那么让我们思考一下：成长到底是什么？

简单来说就是：

原来不会做的事情，现在会做了。

原来不懂的东西，现在懂了。

原来没有的能力，现在具备了。

我们一般是用加法的思维来定义成长。但是，"把阻力拿掉"这种减法思维，意外地对成长更有帮助。

这种成长的阻力到底是什么？书中打了一个比喻，这个阻力就像刹车系统，阻碍了你的前进。我们把以下两种刹车系统称为两个雷区。

第一种是"思考雷区"，第二种是"情绪雷区"。

首先思考本身不是一件坏事。比如你因为一个工作上的课题去寻找解决方法，为解决这个问题伤脑筋想了一天或者一周甚至一个月，这种情况下的思考是有必要的。

我们可以理解为"思维设限"，当你给自己很多"不能""不可以"的阻力暗示，就等于给自己在前进路上不断地急刹车。

所以，把"烦恼刹车器"拿掉，有以下几个步骤。

第一步，要认识到一些阻碍你成长的思维方式的存在。

第二步，要做好不能有这种思想的决断，也就是有"我不能踩烦恼雷区"的意识。

当你强迫自己不去那样想的时候，做事就会更加全力以赴。你因为要下一个决定的时候，烦恼到底是做还是不做，这是可以的。但是你下了决定又犹豫，那种决定会不会更好一些呢，这时候的烦恼就是"阻碍"。

还有，对"做出决定"这件事情，你必须有一种自我主体意识，也就是说，你要知道自己才是自己人生的经营者。你不能在还没有做出决定的时候，用一种评论家的视角来看待问题，因为这是你自己的人生，你必须对自己的人生负责。

所以说，一个人做一些决定的时候是需要一定的勇气的。最重要的思维方式就是，你要有主人翁精神。当你开始有"我是责任人"的意识时，是有一定的压力的，但在决定一件事的时候，你不能一直摇摆不定，虽然害怕，还是要意识到"我应该做出决定"。有了这种意识之后，接下来你再去努力，只要慢慢地深入其中，这种压力感会慢慢消失。

然后你就会发现，其实身为责任人也没有想象的那么可怕。就好像你骑自行车，还不会骑的时候觉得自己不会骑，骑起来很可怕，但是真的会骑了其实也没那么可怕。

第三步，不要把责任归到别人身上。

你不能总是以一种局外人的角度来看待问题，要以当事人的角度去看待，自己要百分之百地去承担责任，遇到问题自己反省，自己承担。这才是成长的第一步。

人们很容易把一些问题的责任归到别人身上，你一定要抛弃这种意识，不仅仅是在工作上要这样，在家庭中，和自己的另一半或者是自己的父母、孩子相处时也是一样的。不要因为和家人亲密就很自然地把责任推给别人，你要意识到自己应该承担责任。

第四步，要明白结果不能选择，行动可以选择。

这话说起来，你会觉得这不是显而易见的嘛，就像你能决定自己要不要去买彩票，但是你不能决定自己中不中奖——工作其实也是一样的，你想了一些提升业绩的办法，但是做了之后，也许不一定会成功。

但是，就是这样的常识，很多人都没有。他们总是期待一定要成功，一旦发生了风险和意外就会很失落甚至无法接受。企业做生意这件事情，本来就不是像大家所期待的那样容易成功，如果每遇到一点儿挫折就失落一阵子，这样的话人是无法成长的。如果工作没有顺利进展，就应该继续寻找解决问题的别的办法。

如果你能让自己不因为结果的好坏或喜或悲，集中精力在解决问题的行动上，这样成长速度会更快。

最后一步，分辨关心圈和影响圈。

所谓的"影响圈"是指自己能够控制的范围，"关心圈"是指自己关心这个问题，但自己无法控制。

生活中，有人把"思考雷区"抛弃了也不能成长，这就是踩到了"情绪雷区"。

另外有一种人，由于小时候父母太过严格要求，给其造成一定的心灵创伤，就不太能对别人说出自己的意见。如果你不说出自己的意见和想法，别人就不知道你在想什么，你也不知道自己的想法到底正不正确。你不跨出这一步，别人就无法知道你的想法是对是错，你自己也无法实现进步。对这种情况，你要意识到现在的环境已经和你小时候不一样了，要拿出勇气走出这种心理阴影。

我多次提到人生需要自我控股，先不说你占股多少，你的份额没有成长，一直在自我贬值，那么你的这个合作家庭根本就谈不上能有升值空间了。自我价值贬值，这就是在很多一方成长停滞的家庭里，最后那一方被嫌弃，甚至另一半出轨的主要原因了。

在职场上也是同理，当别人在进步时，你在原地踏步，那么不管你起点多高，最终也是被抛弃的命运。

今日作业

在纸上写下一个你自我成长的阻碍，比如你一直想学外语，但是什么阻碍了你，然后再去分解这个原因，是思维还是情绪导致的，找出解决方案。

北辰箴言

人生就如一趟列车，你既是乘客，也是司机，同时拥有开车和坐车的体验，计划好路线，保证安全的情况下，匀速前进，不要轻易踩刹车。

延迟满足：

学会等待，才能看到花开

心理学关键词：延迟满足

　　发展心理学研究中有一个经典的试验，称为"延迟满足"试验。试验者发给四岁被试儿童每人一颗好吃的软糖，同时告诉孩子们：如果马上吃，只能吃一颗；如果等二十分钟后再吃，就可以吃两颗。有的孩子急不可耐，马上把糖吃掉了；另一些孩子则耐住性子，闭上眼睛或头枕双臂做睡觉状，也有的孩子用自言自语或唱歌来转移注意消磨时光以克制自己的欲望，从而获得了更丰厚的报酬。

你有没有这样的时候：

感觉自己经常情绪失控，脾气特别坏。

爱人没有按照你说的做，你马上暴跳如雷。

你辅导孩子写作业，被气得抓狂怒吼。

没评上优秀员工，你异常气愤！

你可能会认为是自己个性的问题，太要求完美，追求极致。但也许是自己不够有修养。

其实这里面很可能暗藏着一个原生家庭的教育缺失的问题！

我们经常听到类似的社会新闻：

90 后骑单车逆行，被交警拦下后，失控大哭。

十六岁孩子被母亲训斥后，跳桥身亡。

失控的背后，我们会说：压力太大，人生不易。或者说：

抗挫折教育不够，现在的人太脆弱。

那么这些问题的根源是什么呢？谁的生活容易？谁没有一个"为我们好"、爱唠叨的妈？

为什么其他人不会这样，而你会崩溃？

成长教育体系中"延迟满足"缺席。这就是罪魁祸首。

研究人员进行了跟踪观察，发现"延迟满足"的试验中，那些以坚忍的毅力获得两颗软糖的孩子，长到上中学时表现出了较强的适应性、自信心和独立自主精神；而那些经不住软糖诱惑的孩子则往往屈服于压力而逃避挑战。在后来的几十年的跟踪观察中，也证明那些有耐心等待吃两颗糖的孩子，在事业上更容易获得成功。

试验证明：自我控制能力是个体在没有外界监督的情况下，适当地控制、调节自己的行为，是抑制冲动、抵制诱惑、延迟满足、坚持不懈地保证目标实现的一种综合能力。

延迟满足的作用不可小觑，因为在成年人的社会中，没有人有必要去顺从和满足你的所有想法，你的想法更少有马上被满足的可能性。所以，如果你在原生家庭中习惯了立刻被满足，那么成年后的抗压能力、抗挫折能力，甚至逆商会很低。

我们都知道，如果简单来说，智商决定记忆力和学习能力，情商决定社交和沟通处事能力，那么逆商就决定着你跌倒了是否能爬起来，包括爬起来的速度。

延迟满足训练具体怎么做？

以日常为例，孩子说："妈妈，我要吃苹果。"

大多数妈妈可能会马上给孩子削一个苹果。这就错了。

我们来看正确范例："儿子，妈妈在忙，你等一下。你可不可以帮妈妈把垃圾倒掉？回来你刚好就可以吃苹果了。"

这个回答看起来很简单，但是你让孩子知道了两件很重要的事情：

第一，学会等待。并不是他的所有要求都必须立刻被满足。你让他等待，是在训练他的延迟满足能力。

第二，利益交换。并不是他的所有要求都必须无条件满足。这是成人世界的游戏规则。

其实家长这样做，也避免了孩子产生习以为常的想法，因为如果没有以延迟满足的方式训练孩子，一旦他的要求没有被立刻满足，或者无条件满足，孩子就会沮丧，甚至哭闹。我们看到的在玩具柜台前满地打滚的孩子、成年后经常情绪失控的人、前面开头举的例子，都有原生家庭的教育里忽视延迟满足训练的影子。

在成年人的世界里，那些年少时父母没教育你的东西，社会一定会加倍教育你，让你被动学习。

在日常的咨询中，我也经常会碰到女性倾诉者抱怨自己的老公是巨婴，自己任劳任怨，使得对方饭来张口、衣来伸手，不伺候到位就发脾气。其实这是由于你平时对对方没有进行延迟满足教育，没给他补上这一课。

使亲密关系最稳定的因素就是成长，可以让对方受益、成长，而绝对不是宠爱。

说到这里你应该知道了延迟满足的巨大贡献。在人生漫长的旅程中，它就是支撑你的韧带，你的耐力如何，全靠它了。

这里必须提出一个观点：任何知识的应用都要因人而异，活学活用。

有的家庭教育从业者和家长就很极端，不看事情的轻重缓急和孩子是否具备相关能力。

比如孩子一只手抱着玩具，一只手拿着冰激凌，东西马上就要拿不住掉了，请求妈妈帮忙，你此时还要训练延迟满足？那只能说明你是刻板、守教条的傻妈妈。

比如你的孩子才两岁，根本不具备独自下楼倒垃圾的能力，你也照学，他要吃苹果就让他倒垃圾？

这显然不合适。

除了活学活用，不歪曲和片段地理解，家长还要考虑孩子的个体情绪和心理差异。

对恃宠而骄、蛮横无理的孩子，训练延迟满足多多益善。

但是对本就怯懦或者自卑，很少敢于提要求的孩子，我们反而要"及时满足"增加他们的自信，这时候被满足就是力量，就是正确的做法。

所以，及时满足和延迟满足并不相悖，而是可以并用的孪生关系，相辅相成。

比如你无礼，就需要延迟满足，甚至拒绝满足。

比如你优秀，为了支持鼓励，作为奖赏，就可以及时满足。

美国心理学家沃尔特·米歇尔说："延迟满足感，是为了更有价值的长远结果而放弃即时满足，以及在等待中展示的自我控制能力。"

我听过这样一句话：看一个人今后的发展如何，就看他对欲望的自控能力。

任由一时的欲望捆绑，就像在走畅通无阻的下坡路，你毫不费力，却会被困在狭小的空间里，看不到广阔天地。而控制自我、延迟满足感，则像是在走崎岖陡峭的上坡路，也许你会精疲力竭，最后却能将世间美景一览无余。只有抵挡住眼前的诱惑，掌控住自己的节奏，你方能朝着梦想大步迈进。

延迟满足感，享受长期收益。

亚马逊创始人杰夫·贝佐斯曾经说过这样一段话：步入八十岁高龄时，我不会考虑为何在1994年的人生低谷时放弃了华尔街的优厚待遇，因为当你八十岁高龄时，你不会再担心这些事情。与此同时，我会因为没有亲历互联网浪潮而感到后悔，因为那是一件具有革命性意义的事情。当我这样思考问题时，就不难做出决定了。

这个决定，就是离开踏实稳定的工作岗位，独立创办世界上最大的网上零售店。

当时，很多人嘲笑他异想天开，居然放弃高薪和体面的工作，去挑战一件不可能完成的事情。

但目光长远的他，看到了挑战背后的机遇，默默耕耘多年，终于收获了事业上的巨大成功。

只有愿意为未来的结果忍受即时满足感，为更好的发展而沉下心积累知识和经验，才能享受到长期收益。

追逐眼前利益的人总是急于求成，不能耐下性子打磨自己，反倒会错失真正的机会。

延迟满足感，才能摆脱平庸，那么我们该如何延迟满足感呢？

1. 与欲望保持距离。

我们人类，曾经有两种人：一种是采集食物的人，他今天饿了，一伸手够到一个果子，当时就能快乐。但这种人最终被淘汰了。活下来的是我们这些不快乐、压抑了欲望去种地的人。我们春天播种，等好几个月，秋天才收获，才能吃到东西，这就叫延迟满足。

我们要学会延迟满足，忍受一时的不快乐，才能收获长久的欢喜。

而延迟满足、控制欲望最好的办法，就是跟它保持一定的距离。

如果你沉迷睡前玩手机，可以将手机放到其他的房间，改成看书、听音乐等。

如果你长期暴饮暴食，可以减少购买零食的次数，改成吃健康的水果蔬菜。

长此以往，终有一天你会获得巨大改变。

2. 从小处做起，重在坚持。

从小处做起——对很多人来说易如反掌——可以轻松收获成就感，鼓舞自己，建立信心。

同时，我们也能更加快速地适应新行为，促进认同，不断坚持下去。

3. 设立合理目标，考虑长期成长。

如果你一毕业就把目标定为在北京市五环内买一套小两居、小三居，把精力都花在这件事上面，那么工作就会受很大影响，你的行为就会发生变化，你也会变得不愿冒风险。

我有一位朋友就是为了赚钱付房子的首付，业余做一些没有技术含量的兼职，结果钱没有攒下多少，反而影响了自己的精神状态和职业发展。

越是年轻的时候，自我成长越重要，我们现在所追求的目标、付出的努力决定了我们未来的生活。如果太过计较一时的得失，只考虑当下的利益，不顾长期发展，一直在原地踏步，最终会被别人远远地甩在身后。我们应该以更高的格局审视人生，经得住眼前的诱惑，做出更加长远的规划，并为目标持续努力。

首先，我们要面对问题并感受痛苦；然后，解决问题并享受更大的快乐。

有延迟满足感的人生先苦后甜，需要我们控制及时享乐的欲望，放弃唾手可得的快乐，付出成倍的时间和心血。

但熬过这些之后，一路的疲惫都会烟消云散，等待我们的，将是无边无际的坦途。

今日作业

用延迟满足的方法控制一下自己多年不能克服的欲望，比如不停地买衣服，比如酗酒。

北辰箴言

愿你不迷失在物欲横流的世界之中，不沦陷在舒适安逸的环境之中，而是拼尽全力掌控自己的人生。延迟满足感，意味着不贪图暂时的安逸，重新设置人生快乐与痛苦的次序。

超限效应：

史上最毒"鸡汤"——重要的事说三遍

心理学关键词：超限效应

　　超限效应是指刺激过多、过强或作用时间过久，从而引起心里极不耐烦或逆反的现象。

　　马克·吐温听牧师演讲时，最初感觉牧师讲得好，打算捐款；10分钟后，牧师还没讲完，他不耐烦了，决定只捐些零钱；又过了10分钟，牧师还没有讲完，他决定不捐钱了。在牧师终于结束演讲开始募捐时，过于气愤的马克·吐温不仅分文未捐，还从盘子里偷了2美元。而这种由于刺激过多或作用时间过久，引起逆反心理的现象，就是超限效应。

设想这样一个场景，你一定遇到过：

你叫孩子吃饭，每天几乎喊上三五遍，他拿着手机迟迟不动；

你让老公不要乱扔袜子，结婚十多年，你说了千万遍，他从未改正；

你告诉老人，不要买保健品，叮嘱无数次，他们还是买一堆东西堆在床底；

结果是一切没改变。你气得发疯，情绪失控，越说越气，家庭关系越来越糟，孩子躲着你，老公不爱回家，老人嫌弃你。

你有没有想过问题出在哪里？

你把自己变成了一个说话没有分量的超限效应的受害者！

你会发现，很多时候我们喋喋不休，以为重复就意味着重要，其实这是"重要"这两个字背的最大的锅。很多事情，你越是重复，说出的话的力度越会打折扣，刺激过多、过强或作用时间过久，往往会引起对方极不耐烦或逆反的心理，这样会事与愿违，就像马克·吐温一样，不仅不捐钱，反而从盘子里偷走了2美元。

只说，不懂看，不知道随时关注周围反应里的超限效应反映了几个问题：

1. 以自我为中心。

你有没有发现，喜欢重复唠叨、喋喋不休的人，一般在乎自己表达了什么，却不在意对方的感受。你所表达的内容是要发出去的，传递过程是否畅通，决定着到达对方心里和被接受的程度。我们通常用力过猛地去表达，却没有考虑结果会怎样，这样以自我为中心的表达是失败的，所以大多的啰唆成了自说自话、废话练习。

2. 没有注意方式、方法。

比如一个妈妈第一万次告诉孩子：你要好好学习。这句话对孩子来说就是十足的废话，因为那是你的想法，而且是要求，对孩子来说，要的是怎么能做到的方法，而不是目的地的提醒。换句话说，他也知道要好好学习，但是做不到。

3. 没能注意"度"的把握。

很多人在自我表达时被情绪牵引，越说越激动，越来越失控，由提醒变成指责，最后变成抱怨和攻击，其实你说话的对象早就已经不耐烦，并且有明显的对抗情绪，这时候你每多说一句，就会让敌对情绪加倍。所以，当你没有观察对方的微表情时，可能就失去了一次有效的沟通。

4. 没有换位思考。

这里有一个方法：你可以适当地给自己的谈话录音，尤其是当你重复表达一件事情多次未果的情况下，然后自己跳脱出来，作为一个聆听者，回放一下自己的录音，试试感受如何。这种转换角色的方式，可以锻炼换位思考能力，让你明白被唠叨、被指责是一种什么体验。

下面我要重点和大家说说沟通中的弦外之音，这个话题太重要了。其实这涉及很多的心理学知识，比如我们所说的微表情和读心术，也包括情商部分的内容。

如果我们要解决超限效应的问题，就要知道如果我们不重复、不唠叨，怎么让沟通更有效。

我分两个大部分来说：

第一个：听到，不等于听懂！第二个：沟通不仅要听，还要看！

我先说第一个，还是举例说道理。

很多咨询中，女生向我抱怨自己在单位受了委屈，和同事发生矛盾，回家对老公倾诉，结果老公听完后，居然摆事实讲道理，说她也有问题，把她数落了一顿。她气死了，感觉两人简直是"三观"不合，掐死老公的心都有。

问题来了，老公错了吗？听起来她老公也没错，任何矛盾双方又都会有些问题，找出自己的问题去预防，改善关系，这就是男人听完这些事后的感受和想法。

但其实她老公大错特错，为什么？这就是弦外之音。女人是真的需要你来做法官，评判甚至解决问题吗？绝不是。事情已经结束，此时她倾诉的弦外之音是希望得到你的安抚、慰藉、关注和爱。

说白了，她在外面受了委屈，回到家希望你哄一哄、疼一疼她，这时候她脆弱得像个孩子，只需要你把她抱在怀里，结果你扮演了一个法官和义正词严的教师的角色，完全没听出弦外之音。而妻子会认为你批评她，指责她，她这么委屈了，你还向着对方说话，你就是不爱她。

你看吧，事态马上恶化。这就是不懂得彼此的话带来的结果，很充分地说明，虽然双方都在听，但是未必听懂了。

我们再说说第二个要点：沟通不仅要听，还要看。

看什么？我们要看对方的微表情，看整个客观环境的匹配度，也就是此时的沟通强度和角度是否合适。

我还是拿故事说事。

人内心的思想有时会不知不觉地在口头上流露出来，因此与别人交谈时，只要我们留心，就可以从谈话中了解别人的内心世界。

俗话说"说话听声，锣鼓听音"，这个"声"指的就是言外之意。通常除说话以外，一个眼神、一个表情、一个动作都可能在特定的语境中表达明确的意思。

场景：同学聚会

"哎哟，老同学，最近挺好呗。你自己来的？嫂子呢？"

"啊，我挺好的，你呢？你也挺好？"

"嗯，这是我媳妇。嫂子呢，我怎么没看见？"

"啊，弟妹气质不错啊，那你们逛啊，我去那边看看。"

"哎，嫂子呢？叫她们去逛，咱们叙叙旧。"

"啊，你们玩吧，我去那边。"

"别啊……"

你看，烦人不？这就是我们说的听不出弦外之音。你一口一个嫂子，人家一直在回避问题，你还穷追不舍，显得不合适，也轻佻了些。而人家回避的背后很可能只有两个原因，第一，人没来，第二，两人早就离婚了，人家不愿意提及，且这种可能性极大。

可见，听出朋友的话外音，从微不足道的细节中发现朋友的态度和他要做些什么，这对你与朋友的交往很有帮助。一个人的言谈在很大程度上能体现一个人的内心世界甚至现在的处境。

透过言谈，发现人的深层动机，这就是言语判断法。

我来教你几招：

1. 由话题知心理。

人们常常在一个话题里不自觉地呈现出情绪。话题的种类是形形色色的，如果你要明白对方的性格、气质、想法，最容易着手的步骤就是观察话题与说话者本身的相关状况，从这里能获得很多信息。

2. 措辞的习惯流露出的"秘密"。

语言除了社会、阶层或地理上的差别，还有因个人的差异而出现差别的心理性措辞。人的种种曲折的深层心理会不知不觉地反映在自我表现的手段，也就是措辞上，即使表达的内容与自我形象无关，我们通过分析措辞常常可以大体上看出这个人的真实形象。在这种意义上，正是本人没意识到的措辞，更能告诉我们其人的各种信息。

3. 说话方式能反映真实想法。

如果对某人心怀不满，或者持有敌意时，许多人的说话速度会变得迟缓，而且稍有木讷的感觉；如果一个人心中有愧或者说谎时，说话的速度会快起来。

当两个人意见相左时，一个人提高说话的音调，就表示他想压倒对方；那种心怀企图的人，他说话时一定会有意地抑扬顿挫；想制造一种与众不同的感觉，有吸引别人注意力的欲望，自我显示欲隐隐约约地就透露出来了。

4. 由听话方式看破对方的心理。

如果一个人很认真地听话，大致会正襟危坐，视线也一直盯着对方；反之，他的视线必然散乱，身体也可能在倾斜或乱动，这是他厌烦的表现。如果一个人一直在看窗外、看手表，或者不停地摆弄手中的咖啡杯，你的谈话该结束了，或者换一个话题。如果对方抱着肩膀，说明很可能你无法通过表达进入他的内心，他的心是相对封闭的。

读懂弦外之音能够让你在和人沟通时更和谐和更有智慧，表达也更有效。

今日作业

分析"这次的聚会小赵来吗？"有什么可能的弦外之音和细微区别。

_____

_____

北辰箴言

　　少说话对你没坏处，你一定要说，就只说一次，言出必行。记住，你每多重复一次自己说的话，力度就会折损一半，这就是爱唠叨的人说话没分量的症结所在。